ツシマヤマネコって、知ってる？

絶滅から救え!!
わたしたちにできること

太田京子〔著〕

岩崎書店

▲ 大昔、まだ日本が大陸とつながっていたころに、ヤマネコたちの祖先《そせん》は対馬や西表島《いりおもてじま》に渡ってきました。（太田・高橋 2006 を改変）

◀ 対馬空港は「ヤマネコ空港」と呼ばれています。

ツシマヤマネコの特徴《どくちょう》

額《ひたい》のたてじま

黒と白のたてじまがならんであります。

丸く小さめな耳

耳のうしろの白い斑点《はんてん》

イエネコと見分ける
一番のポイントです。

太い尾《お》

尾は太く、
はっきり
しない灰
色の線が
あります。

はっきりしない斑点

全体的に灰褐色《はいかっしょく》のからだに、灰色《はいいろ》から
赤茶色《あかちゃいろ》のはっきりしない斑点《はんてん》があります。

▲対馬《つしま》の絶景《ぜっけい》（上島《かみしま》・青海《おうみ》）

対馬の風景と生きものたち

▲ツシマジカ

▲ツシマヒラタクワガタ

▲ツシマアカガエル

▲ツシマサンショウウオ

もくじ

第2章 なぜ、減《へ》っているの？

第3章 ツシマヤマネコたちのメッセージ

第4章 どうしたら、守れるの？

はじめに……それは、クマから始まった

みなさんは「ツシマヤマネコ」って、知っていますか?

日本にすんでいる「ヤマネコ」といえば、すぐに思いつくのが「イリオモテヤマネコ」ではないでしょうか?

そう! 沖縄《おきなわ》の西表島《いりおもてじま》にすむヤマネコです。

実は、わたしもつい最近まで、「イリオモテヤマネコ」と「ツシマヤマネコ」の区《く》別《べつ》もつきませんでした。

ためしに、

「ツシマヤマネコって、知ってる?」

と、知り合い50人にききました。

なんと、37人が知りませんでした。

残り13人中12名が、「きいたことがある」。そして、ひとりだけ、最近、観光《かんこう》で対馬《つしま》に行ったので、よく知っていました。

生きたツシマヤマネコを、棹崎《さおざき》にある「対馬野生生物保護《つしまやせいせいぶつほご》センター」で見たそうです。

その人をのぞけば、わたしの知り合いのほとんどが、知らないことになります。

では、対馬って、どこにあるでしょう?

「九州で、韓国《かんこく》に近い島だってきいたような気がする」

ピンポーン！　50人中39人が正解《せいかい》。

では、対馬は何県にあるでしょう?

対馬に行った人をのぞいて、はっきり答えられる人はほとんどいませんでした。

それでは、地図を見てください。（巻頭《かんとう》カラーページ参照《さんしょう》）

対馬は、日本海の西に浮かぶ島で、長崎県《ながさきけん》にあります。

長崎空港《くうこう》からはプロペラ機、福岡《ふくおか》空港からはジェット機で、それぞれ約30分。

島の面積《めんせき》は約709平方キロメートル。佐渡島《さどがしま》、奄美大島《あまみおおしま》についで、3番目に大きな島です。

人口は、3万5688人。（2010年5月現在）

福岡《ふくおか》からは132キロ、韓国《かんこく》の釜山《ぷさん》からは49・5キロの場所にあり、九州本土より、韓国《かんこく》に近い島です。

よく晴れた日には、韓国の建物《たてもの》がすぐ近くに見えます。

むかしから朝鮮《ちょうせん》半島と行き来があったのもふしぎではありません。

上県町《かみあがたまち》にある越高遺跡《こしたかいせき》からは、朝鮮系《けい》の隆起線文土器《りゅうきせんもんどき》や九州産の黒曜石《こくようせき》の矢《や》じりなどが発見されています。このことから、朝鮮半島と九州本土との交流《こうりゅう》、交易《こうえき》が、紀元前《きげんぜん》7000年ごろからあったといわれます。

豊臣秀吉《とよとみひでよし》の時代には、「文禄《ぶんろく》の役《えき》」（1592年）と「慶長《けいちょう》の役《えき》」（1597年）の2度にわたる朝鮮出兵《しゅっぺい》がありました。

天下統一《てんかとういつ》をはたした秀吉は、つぎは朝鮮を支配下《しはいか》におこうと考えました。

その交渉役《こうしょうやく》にえらばれた対馬《つしま》の島主《とうしゅ》、宗義智《そうよしとし》は、つらい立場におかれますが、その後も、宗家は朝鮮通信使《ちょうせんつうしんし》を江戸《えど》まで案内《あんない》するなど、両国の友好《ゆうこう》に力をそそぎました。

現在《げんざい》では、対馬《つしま》の厳原港《いずはらこう》、比田勝港《ひたかつこう》と韓国《かんこく》の釜山《ぷさん》港の間《あいだ》では定期航路《ていきこうろ》がひらかれ、国際交流《こくさいこうりゅう》もさかんです。

では、ツシマヤマネコは、いつ、どうやって対馬へやってきたのでしょう?

今から約10万年前まで、大陸《たいりく》と対馬はくっついたり離《はな》れたりをくりかえしていましたが、地続《じつづ》きだったころ、ツシマヤマネコの祖先《そせん》は、寒冷《かんれい》だった大陸から朝鮮半島を経《へ》て対馬にうつりすむようになったと考えられています。〈対馬が大陸と最終的に離れたのは、およそ10万年前といわれています〉〈巻頭カラーページ参照〉

そのヤマネコに、なぜ、わたしが興味《きょうみ》を持ったのか?

それは、知り合いの大学の先生、打越綾子《うちこしあやこ》さんに対馬行きを誘《さそ》われたのがきっかけです。

彼女とは、クマの本を書くための取材先《しゅざいさき》で知り合いました。だから、はじまりはクマなのです。

打越《うちこし》さんは、人間と野生《やせい》動物がおたがいによい関係で暮《く》らしていくためにはどうしたらいいか、そのために、いろいろな立場の人たちが話し合いをもてる場をつくる〝コーディネイター〟の仕事をしています。

「太田さん、クマばかりでなく、ツシマヤマネコへも目を向けてください。きっと、新たな発見があると思いますよ」

というのです。

クマだけを見ているつもりはないのですが、クマを知れば知るほど、自然のバランスのたいせつさが見えてきます。

「ベアアンブレラ（クマの傘《かさ》）」という言葉《ことば》があるように、クマのいる森は、他の動物たちや植物も支《ささ》えあって生きていけるのです。

また、人間と野生動物のかかわり方も考えさせられます。

さて、「ツシマヤマネコ」では、どんな発見があるのでしょう？

こうして、わたしのゼロからの第一歩が始まりました。

第1章　ツシマヤマネコって、どんなネコ？

さあ、あなたも「ツシマヤマネコ」にくわしくなろう。

●日本にいる野生《やせい》のヤマネコの種類は、何種類？

沖縄県《おきなわけん》の西表島《いりおもてじま》にいるイリオモテヤマネコと対馬《つしま》にいるツシマヤマネコの2種類。

●どうして、イリオモテヤマネコだけが有名《ゆうめい》なのか？

イリオモテヤマネコは、地元《じもと》の人のあいだでは、古くから知られていた。

しかし、１９６５年、「20世紀《せいき》の学術的《がくじゅってき》な発見！」として、マスコミで大きくとりあげられたため、一般《いっぱん》にも知れわたった。

一方、ツシマヤマネコは、江戸時代末《えどじだいまつ》には、すでに学術書《がくじゅつしょ》にも載《の》っていた。もともといたものとされ、特別にさわがれることはなかった。

そのため、かえって、遠くへ知れわたることもなかったようだ。

ツシマヤマネコは、地元《じもと》の人たちからは、山にいるトラ毛の動物だから「とらやま」「とらげ」とよばれていた。

また、田んぼの近くでもみられたため、「田ネコ」「里ネコ」とよぶ地域《ちいき》もあった。

東南アジアから満州《まんしゅう》、朝鮮半島《ちょうせんはんとう》にかけて広く分布《ぶんぷ》しているベンガルヤマネコのなかまで「ツシマヤマネコ」は日本では対馬《つしま》にしかいない。

朝鮮半島に生息《せいそく》しているアムールヤマネコとは同じ種類《しゅるい》で、見かけもよく似《に》ている。

●ツシマヤマネコをイメージしてみよう！

イラスト（17ページ）の欠《か》けているところはどんなふうになっているだろう。

これができたら、あなたもツシマヤマネコの初級コースに、合格《ごうかく》まちがいなし！

ツシマヤマネコは、全長は約70～80センチ。体重はオスで約4キロ。メスは約3キロ。わたしのうちのネコと同じくらい。

丸《まる》い顔。胴長《どうなが》で短足《たんそく》が特徴《とくちょう》。

「なあんだ！　キジネコと同じだ！」と思った人、いるかもしれない⁉

じつは、対馬《つしま》に住んでいる人のなかでも、キジネコとまちがえることが多く、「ツシマヤマネコがいる！」と情報《じょうほう》が寄《よ》せられることがあるそうだ。

では、イエネコとどこがちがうかな？

背中《せなか》や足のもようは、どうだろう？

縞《しま》ではなく、斑点《はんてん》。ここがイエネコとちがうところ。

耳の先が丸く、耳の裏《うら》に注目！　ここがイエネコと見分ける一番のポイント。

耳の白い斑点は、暗いところでもよく目立《めだ》つ。仲間《なかま》との目印《めじるし》や、敵《てき》への威嚇《いかく》にもなるといわれている。

▲ヤマネコそっくりってみんなにいわれるけど…

トラの耳に似《に》ていることから「虎耳状《こじじょう》班《はん》」という。ライオン、チーター、ヒョウ、オセロット、ベンガルヤマネコ、イリオモテヤマネコなど、多くの野生《やせい》ネコにある。ただし、ヨーロッパヤマネコには見られない。

額《ひたい》の白とこげ茶のくっきりした縞《しま》もようにも注目！　絵に描《えが》くときは、ここをちゃんと描こう。

シッポにも特徴《とくちょう》がある。太くて長い。イエネコもここまで太くない。全長70〜80センチのうちシッポの長さは20〜28センチ。

ヤマネコの足跡《あしあと》を見ると、ツメはひっこんでいてツメ跡はほとんど残らない。

●ツシマヤマネコをイメージしてしみよう！

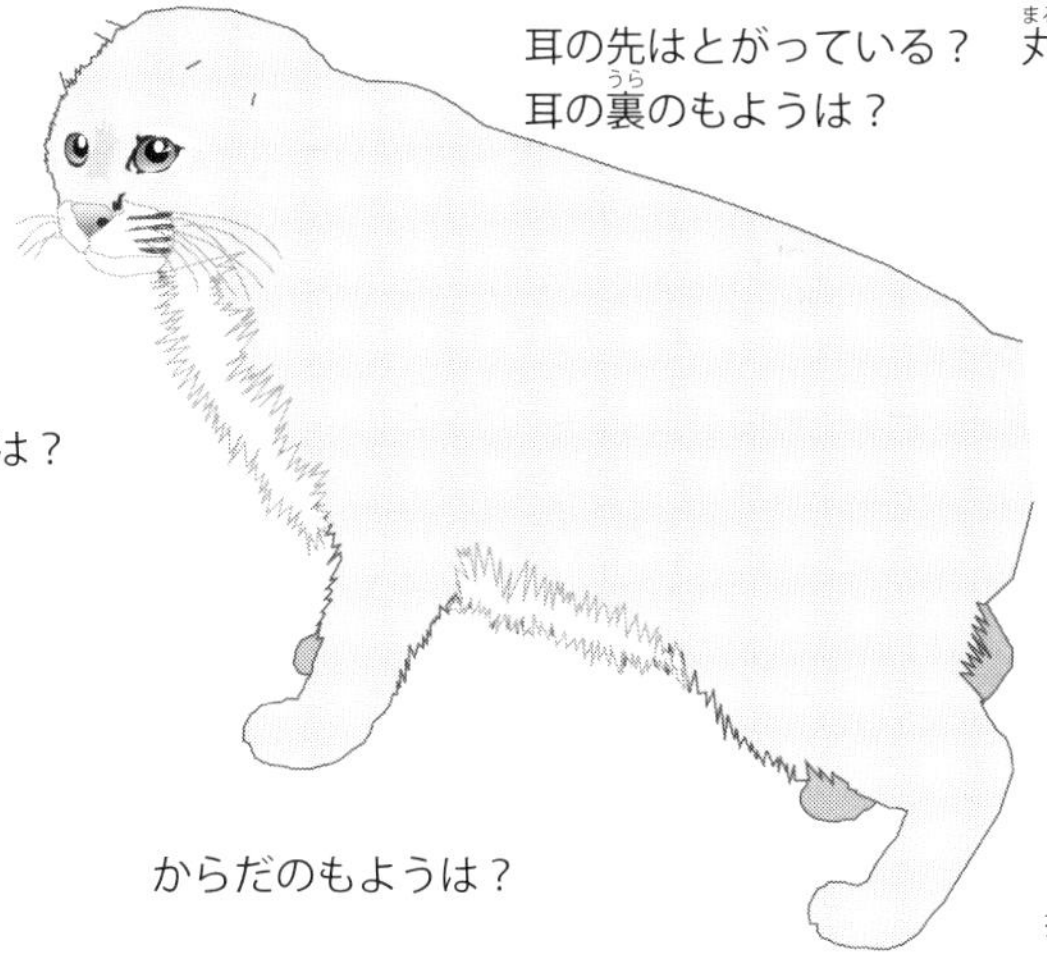
耳の先はとがっている？　丸《まる》い？
シッポはどんなかたち？
額《ひたい》のもようは？

提供：対馬野生生物保護センター

●イリオモテヤマネコとツシマヤマネコは、どんなところが同じで、どんなところがちがうだろう？

2種とも、ベンガルヤマネコの亜種《あしゅ》で小型《こがた》のネコ科の動物。
しかし、大陸からわたってきたルートがちがう。ツシマヤマネコは大陸→朝鮮半《ちょうせんはん》島《とう》→対馬《つしま》へやってきた北方系《ほっぽうけい》で、イリオモテヤマネコは中国南部→台湾《たいわん》→西表島《いりおもてじま》へやってきた南方系《なんぽうけい》のヤマネコだ。（巻頭《かんとう》カラーページ）
西表島が大陸から孤立《こりつ》したのは、対馬より古く、およそ20万年前ごろといわれるので、イリオモテヤマネコの祖先《そせん》は、それ以前にやってきたことになる。
それぞれの祖先《そせん》が独自《どくじ》に

▲ツシマヤマネコ　提供：対馬野生生物保護センター

▲イリオモテヤマネコ　提供：西表野生生物保護センター

進化《しんか》した結果、現在のヤマネコになった。

毛色はどうだろう?

イリオモテヤマネコのほうが、毛の色が全体に黒っぽく見える。このヤマネコがすんでいるのは、西表島《いりおもてじま》の亜熱帯系常緑広葉樹《あねったいけいじょうりょくこうようじゅ》、マングローブの林の中なので、保護色《ほごしょく》の暗《くら》めの灰色系《はいいろけい》になった。

どちらも夏と冬で毛がはえかわるが、その差《さ》はツシマヤマネコのほうがはっきりしている。

ツシマヤマネコの夏毛は、短く黒っぽい。冬毛は、特に明るい褐色《かっしょく》になる。これは落葉広葉樹《らくようこうようじゅ》のなかで、保護色の役目をはたしている。体つきも、冬のほうがまるっぽく見える。冬の寒さから身をまもるために、毛が密集《みっしゅう》し、皮下脂肪《ひかしぼう》がつくからだ。もちろん、個体差《こたいさ》がある。

顔は、イリオモテヤマネコのほうが目から鼻までの距離《きょり》が長いので、ツシマヤマネコにくらべて、顔が細《ほそ》くみえる。

イリオモテヤマネコと共通しているところは、湿地《しっち》や沢《さわ》の多い森林でくらし、木のウロや岩穴などで子どもを産《う》む。子育て中のメス以外は、単独《たんどく》で行動する。

薄明薄暮型《はくめいはくぼがた》（明け方と夕方に行動がさかん）の夜行性《やこうせい》。

食べ物は、ツシマヤマネコは、おもにアカネズミ、ヒメネズミ、モグラの仲間のヒミズなど小型哺乳類《こがたほにゅうるい》。ほかに昆虫《こんちゅう》、カエル、鳥類。

イリオモテヤマネコのすむ西表島《いりおもてじま》には、哺乳類の種類《しゅるい》はとぼしい。大昔《おおむかし》はネズミがいなかった。今では人間がもちこんだクマネズミがいて、それも食べているが、亜熱帯《あねったい》に多く生息《せいそく》する昆虫《こんちゅう》、川エビ、両生類《りょうせいるい》、爬虫類《はちゅうるい》、鳥類、オオコウモリなどを幅広《はばひろ》く利用して、今日《こんにち》まで生きてきた。

歯《は》の数は、ツシマヤマネコのほうが、上の歯が2本多い。（上16本・下14本）

どちらも、水をこわがらず、必要なときには川も泳ぐ。

福岡《ふくおか》市動物園では、ツシマヤマネコを飼育《しいく》しているが、飼育員の永尾英史《ながおえいじ》さんの話では、暑《あつ》い日は、池の中で体をつけて気持ちよさそうにしているそうだ。

また、「ネコにマタタビ」というけれど、イリオモテヤマネコもツシマヤマネコもマタタビにはまったく興味《きょうみ》をしめさないという専門家《せんもんか》の話がある。

対馬《つしま》には、むかしからヤマネコのほかにチョウセンイタチ、ツシマテンなどの食《しょく》肉目《にくもく》（肉食の哺《ほ》乳類《にゅうるい》で、それに適《てき》した犬歯とかぎづめをもつ）がいるのに対して、西表島《いりおもてじま》にもともと生息《せいそく》しているの（食肉目）は、イリオモテヤマネコだけだ。

●ツシマヤマネコのなき声は？

野生《やせい》では、あえて自分の存在《そんざい》を知らせることをしないので、あまりなかない。なく必要があるのは、オスやメスがたがいに相手《あいて》を求《もと》めている発情期《はつじょうき》や、威嚇《いかく》するとき。そして、母と子の間のコミュニケーションのとき。

録音《ろくおん》テープをきいてみると、子どもが母親をよぶとき、「キー、キー」と野鳥《やちょう》がないているようだ。

相手をよぶときは、「ウギャー、ウギャー」となく。

おこったり、威嚇するときは、ガアッ（低く）ウー（高く）、ウゥウー（低く）フゥッ（荒い息《いき》）といいながら、地面を前足でたたき、耳をふせ、向かってくることもある。

興奮《こうふん》しているときは、シッポをまわすようにふる。

●すんでいるところや、何を食べているか、どうしてわかるの？

かんたんな調《しら》べ方は、落とし物を見つけること。

そう！　フンだ。フンがあれば、そこにいた証拠《しょうこ》。また、そのフンを調べれば、なにを食べていたかがわかる。

フンを水でとかすと、中身《なかみ》がわかる。

その場で、水を使わずに、木の枝などでほぐしてみてもだいたいわかる。

ネズミやモグラの毛で、ふかふかしているフンもある。また、細《こま》かい骨《ほね》やイネ科の植物まで見ることができる。

ほかにも、爬虫類《はちゅうるい》、鳥類の骨や昆虫《こんちゅう》の羽《はね》などが見つかることもある。

イネのような繊維質《せんいしつ》の植物を食べるのは、消化《しょうか》を助《たす》けるためで、イエネコが、毛玉を出すために草を食べるのと同じらしい。

でも、対馬《つしま》には、ほかにもツシマテン、チョウセンイタチ、ツシマジカ、イノシシなどの哺乳類《ほにゅうるい》がすんでいる。こうした動物たちのフンと区別《くべつ》がつくだろうか？

そこで、わたしも「フンさがし」につれていってもらった。

山道を歩いていると、とつぜん、下のヤブからツシマジカが二頭あらわれて、目の前を横切って、上の林にさっと身をかくした。

近くで、シカのフンも発見。まるで、黒マメをたくさんまいたようだ。

テンのフンもよく見かけた。細長《ほそなが》くて、真っ黒。フンの中に、ゲジゲジが丸ごと入っているのを見たときは、テンがゲジゲジをおいしそうに食べているところまで想像《そうぞう》してしまった。

ヤマネコのフンは、古いものは土にとけこん

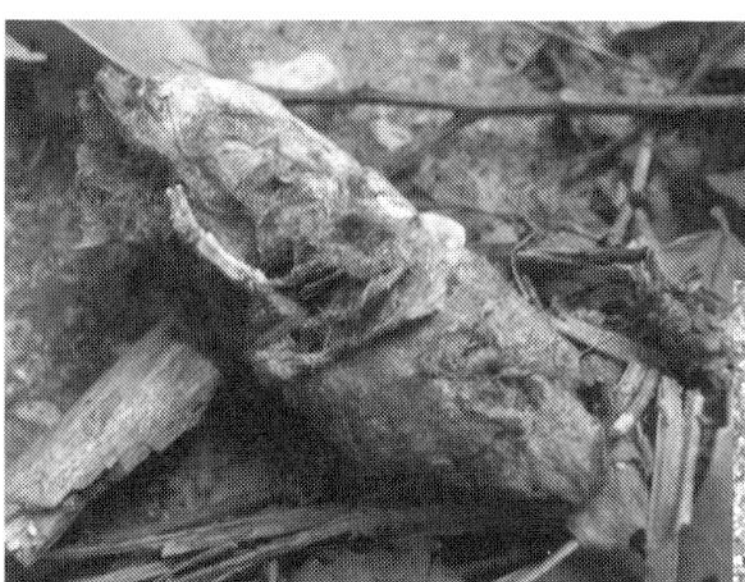
▲ヤマネコのフン

▼フンの中にイネ科の植物がはいっていた

提供：対馬野生生物保護センター

でいてわかりにくい。コンクリートの歩道の上に落ちていたフンは、ネズミの灰色の毛がびっしりつまっていたので、見分けがつかなかった。

案内してくれた対馬野生生物保護《つしまやせいせいぶつほご》センターの大谷雄一郎《おおやゆういちろう》さんは、さすがに専門家《せんもんか》だけあって、すぐに見つける。

慣《な》れてくると、かんたんだというのだが……。

わたしも何回か見ているうちに、だいぶわかるようになってきた。

地元《じもと》で、ヤマネコの行動にもくわしい「ツシマヤマネコ応援団《おうえんだん》」代表の野田一男《のだかずお》さんに、夜の十一時過ぎ、ヤマネコのいそうな場所を車で案内《あんない》してもらった。

野田さんは、ヤマネコのいそうな場所をゆっくり運転《うんてん》しながら、片手《かたて》に持った懐《かい》中電灯《ちゅうでんとう》を草むらに向ける。そうすると、ヤマネコの目が光るからわかるという。

夜おそく、家族でヤマネコ観察《かんさつ》によくでかけるそうだ。

今までにヤマネコに会った回数は？　「千回ぐらいかな？」と笑《わら》っていた。

だったら、わたしも！　と、３晩連続《ばんれんぞく》連れていってもらった。

ツシマジカやテン、イノシシは見たけれど、ヤマネコはとうとう姿《すがた》をあらわしてくれなかった。

それでも、道路のまんなかに、ねっとりとしめったフンをみることができた。まだ、新しいフンだ。近くのやぶにヤマネコがいそうな気がした。まわりに人家《じんか》もなく、夜遅《よるおそ》くなれば、車もめったに通らない場所だ。それにしても、山の中でなく、道路のまん中にフンをするなんて、びっくり！

においは、イエネコほどくさくない。

春の時期、カエルを食べていると、生臭《なまぐさ》いそうだ。

食べ物によって、においもちがうのだ。

時間がたったフンは、イエネコと区別《くべつ》がつきにくいこともある。

必要な場合は、アルコール入りのビンに入れて、専門《せんもん》機関《きかん》（長崎県《ながさきけん》環境《かんきょう》保健《ほけん》研究《けんきゅう》センター）に送り、ＤＮＡ《ディーエヌエイ》検査《けんさ》をする。フンの状態《じょうたい》にもよるがヤマネコの性別《せいべつ》までわかる。

ヤマネコは、フンをイエネコのようにうめない。それは、自分の存在《そんざい》を相手に示して、「ここは、オレのなわばりだぞ！」と主張《しゅちょう》して、むだなあらそいをさけるためらしい。

道路のまん中に堂々とするのも、そのためかもしれない。

親から離《はな》れてまもなく、自分のなわばりをもてない力の弱いヤマネコは、フンを川へ流して、自分の存在《そんざい》をかくしているのではないかという意見もある。

フンの落ちている場所や中身《なかみ》から、つぎのことがわかる。

ヤマネコの生活の大部分は、森や草原で過《す》ごしている。しかし、人里近《ひとざとちか》くや田んぼ、水辺《みずべ》にいることも多い。山の中にできた作業道《さぎょうどう》や、一般の舗装道路《ほそうどうろ》を移動《いどう》につかっている。

いいかえれば、めったに姿《すがた》はみせないが、対馬《つしま》の多くの地域《ちいき》が「ヤマネコ」の生息《せいそく》域《いき》ということだ。

さらにくわしくその行動を調べるには、ヤマネコに発信機《はっしんき》つきの首輪《くびわ》をつけて、長い時間をかけて追跡調査《ついせきちょうさ》をする。

受信機《じゅしんき》とアンテナを左右１８０度ずつぐるりと回して、どの方角に向けると、ヤマネコの首輪《くびわ》から出ている発信音が大きいか、また受信機の針《はり》が大きくふれるか、その方角《ほうがく》を方位磁石《ほういじしゃく》で測《はか》り、地図上に線を引く。同じように３ヵ所で測り、線の交《まじ》わっ

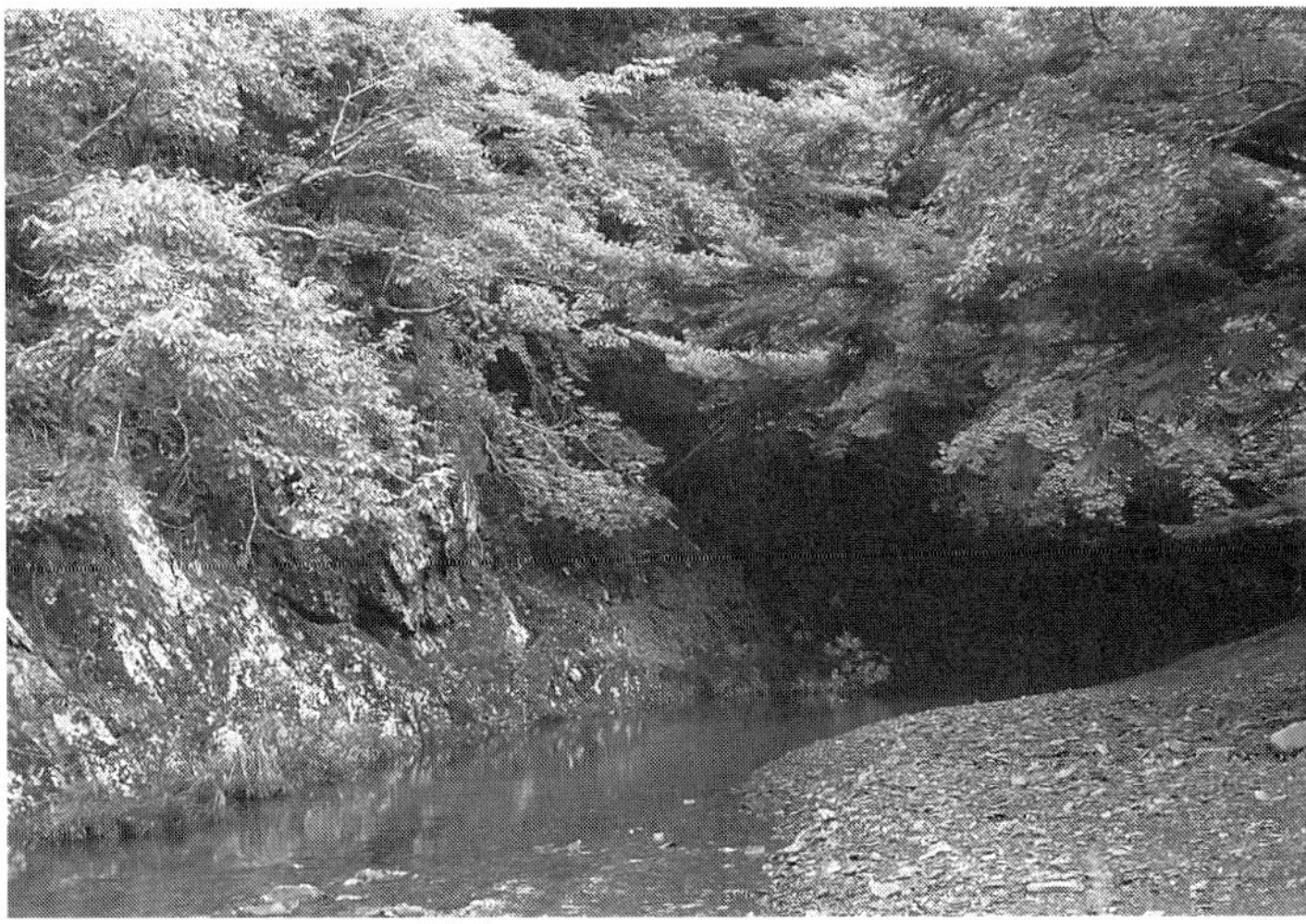

▲ヤマネコの利用する水辺《みずべ》

◀ヤマネコの行動を追《お》うための受信機《じゅしんき》と地図《ちず》

ツシマヤマネコの足跡《あしあと》▶

提供：対馬野生生物保護センター

た点がヤマネコのいる位置《いち》だ。

動きの速いヤマネコの位置を確認《かくにん》しながら追《お》っていくのは、かんたんではない。

メスの行動圏《こうどうけん》は、50～200ヘクタール（50万～200万平方メートル）。

同じメスを5年間調査《ちょうさ》したところ、約2キロ四方にとどまっていた。

それにくらべて、オスは100～1000ヘクタール（100万～1000万平方メートル）と広い場所を移動《いどう》する。

特に2～3月は、メスの7～8倍の広さを歩きまわる。その後、メスと出会いしばらくいっしょにいて、メスから離《はな》れていく。

同じオスを約6年間追跡《ついせき》したところ、そのオスの場合、3歳ぐらいで自分の行動圏が決まった。4～7歳ぐらいまでは、その行動圏の中をさかんに動きまわり、より多くのメスと繁殖《はんしょく》する機会をさがしていた。しかし、8歳ぐらいからは、だんだん動きがせまい範囲《はんい》になった。

それは年をとったためだが、ほかの若くて強いオスに居場所《いばしょ》をうばわれるというところまでいかないようだ。せまい場所でも前からそこにいる「先住者《せんじゅうしゃ》」として生きていけると考えられる。

●子どもは何頭ぐらい産《う》むの？

交尾期《こうびき》は2〜3月ごろで、妊娠期間《にんしんきかん》は約2ヵ月。4〜6月に1〜3頭の赤ん坊を産む。（イリオモテヤマネコの場合、今まで確認《かくにん》されている、一度に産む子どもの数は2頭まで。）

イエネコが5〜6頭ぐらい産むのに比《くら》べて、少ない。

仔《こ》ネコの生存率《せいぞんりつ》はけっして高くない。お乳《ちち》の数は、イエネコは3〜4対《つい》（6〜8個《こ》）なのに対して、ツシマヤマネコは2対（4個）、たまに3対＝

▲ツシマヤマネコの親子　　提供：対馬野生生物保護センター

6個。（イリオモテヤマネコは乳《ち》の数は2対《つい》）

●親離《おやばな》れはいつ？

生後5ヵ月の秋ごろ。母親は子どもに威嚇《いかく》するようになる。メスの子どもは、しばらく母親のなわばりの近くで過ごし、オスは母親から離れていく。おとな（成獣《せいじゅう》）とよべるのは、約1歳10ヵ月。

●寿命《じゅみょう》はどのぐらい？

野生《やせい》では、10年ぐらい。

●性格《せいかく》は？

写真《しゃしん》を見てもわかるように、顔はとってもかわいい！　でも、性格はどんな動物でも個性《こせい》があるから、ひとことでいうのはむずかしい。

しかし、野生だから、警戒心《けいかいしん》が強い。イエネコのようには、人になつかない。姿《すがた》も

厳原でヤマネコ保護

下島では数十年ぶり

動画

【対馬】絶滅の恐れがある国の天然記念物ツシマヤマネコが28日、対馬市南部に位置する厳原町小浦の九電工対馬営業所敷地内で見つかり、保護された。市北部の上島での生息確認や保護は多いが、環境省対馬野生生物保護センター（同市上県町）によると、正確な記録は残っていないが、市南部の下島での保護は数十年ぶりとみられる。

下島で数十年ぶりに保護されたツシマヤマネコ
＝対馬市厳原町、九電工（同社提供）

下島では1984年5月、厳原町瀬で見つかった交通事故死骸（しがい）以降、2007年3月に同町内山周辺の山林で自動撮影カメラに写るまで23年間、確かな生息情報がなかった。同年8月にもカメラに写ったが、それ以降は消息を絶ち、下島のヤマネコは絶滅が懸念されていた。

同センターによると、今回見つかったヤマネコは今年春生まれとみられる亜成獣の雄で、体重は約1130㌘。衰弱していたが、餌を食べるなど体調は安定しているという。

同社などによると、午後2時半ごろ、同社の車庫周辺にいるのを社員の築城守さん(37)が発見。ヤマネコに似ており、同僚の境拓哉さん(25)らが近寄ると倉庫の中に入ったり、側溝に逃げ込み、敷地に隣接する川に落ち込んだ。衰弱して川から上れる様子もなかったため、境さんら社員3人が下りて救出。連絡を受けた市職員が保護し、同センターまで搬送した。

境さんは「まさか本当にツシマヤマネコとは思わなかった。衰弱していたので助けられて良かった。元気になってほしい」と話した。

現場は市中心部から数㌔離れた国道沿い。車両が頻繁に通るが、同社の裏手には山が迫っており、豊かな自然もある。ヤマネコがどういう経緯で姿を現したかは不明だが、同センターの水崎進介自然保護官は「下島で繁殖していたとすれば非常にうれしいニュース。今後、保護したヤマネコの取り扱いや痕跡調査などをどうするか専門家と相談して決めたい」と話した。

ツシマヤマネコはベンガルヤマネコの亜種で国内では対馬だけに生息。環境省のレッドデータブックでは絶滅の恐れが最も高い絶滅危惧（きぐ）1A類に分類されている。1960年代まで全島に300匹ほど分布していたとされるが、道路整備や山林の伐採など生息環境の悪化で減少。2005年9月に公表された生息数の調査結果によると、推定80～110匹とされている。

ツシマヤマネコが保護《ほご》されたニュースは、新聞でも大きく取り上げられた。

2009年12月29日付
長崎《ながさき》新聞

めったに見せない。

●どのぐらいいるの?

現在は、全体で約80~110頭。

ツシマヤマネコは、かつて対馬全土《つしまぜんど》(対馬は上島《かみじま》と下島《しもじま》からなる)にすんでいた。

しかし、下島では、1984年5月8日に交通事故死《こうつうじこし》したヤマネコが発見されて以来《いらい》、長い間生きたヤマネコがいるという確実な情報《じょうほう》はなく、もういないのではないかと思われていた。

それから23年後、2007年4月27日に、自動撮影《じどうさつえい》カメラに一頭《とう》の体格《たいかく》のいいツシマヤマネコの姿《すがた》がうつっていた。

1頭いるということは、ほかにも仲間《なかま》がいるかもしれない! その後、自動カメラで1回、フンも2回発見されたが、どのような個体が何頭生き残っているのかは不明《ふめい》だった。

そして、2009年12月28日、下島の厳原《いずはら》で子どものヤマネコが発見され、保護《ほご》された（31ページ参照《さんしょう》）。下島《しもじま》で生きたヤマネコが保護《ほご》されたのは、数十年（少なくとも25年）ぶりだ。

体重が約１１３０グラムのオスで、この年の春ごろに生まれたと見られる。親離《おやばな》れして自分の居場所をさがすうちに衰弱《すいじゃく》してしまったらしい。外傷《がいしょう》はなく、やせているが、対馬野生生物《つしまやせいせいぶつ》保護センターによって保護されてからは、食欲《しょくよく》もおうせいで回復《かいふく》に向かっている。

今後もこのヤマネコの回復の経過《けいか》を見守りながらどうあつかうか、また保護された場所周辺《しゅうへん》の痕跡調査《こんせきちょうさ》などについても、専門家《せんもんか》と相談しながら決めることになるという。

現在、ヤマネコの生息《せいそく》を確認するための自動撮影《じどうさつえい》カメラが上島《かみじま》に7台、下島に27台設置《せっち》されている。

野生のツシマヤマネコの頭数が１００頭以下になれば、いつ絶滅《ぜつめつ》がおこってもおかしくない。

その理由《りゆう》は、つぎのことが考えられる。

①少数の中で血縁《けつえん》関係《かんけい》をつくらなければならなくなり、血縁が濃《こ》くなると、奇形個《きけいこ》体《たい》が生まれやすくなる。

②病気（感染症《かんせんしょう》）に対する抵抗力《ていこうりょく》も弱まり、死亡《しぼう》する危険性が高くなる。

③全体の数が少ないと、生息《せいそく》している範囲《はんい》もせまくなり、とつぜんの災害《さいがい》で、一気に絶滅《ぜつめつ》する可能性《かのうせい》が高くなる。

ツシマヤマネコは、１９７１年に国の天然記念物《てんねんきねんぶつ》に、１９９４年には、種《しゅ》の保存法《ほぞんほう》に基《もと》づいて国内希少野生動植物種《こくないきしょうやせいどうしょくぶつしゅ》に指定《してい》された。また、環境省《かんきょうしょう》のレッドリストで、「絶滅危惧種《ぜつめつきぐしゅ》ＩＡ類」に指定《してい》され、いま、日本の哺乳類《ほにゅうるい》の中で、もっとも絶滅が心配されている種のひとつだ。（イリオモテヤマネコの生息《せいそく》数も１００頭ほど。同じく絶滅危惧種ＩＡ類。生息環境《せいそくかんきょう》の悪化《あっか》や交《こう》通事故《つうじこ》が原因《げんいん》と考えられる）。

▲下島《しもじま》で保護《ほご》されたヤマネコ（2009 年 12 月 28 日）　提供：対馬野生生物保護センター

▲ヤマネコ用自動撮影《じどうさつえい》カメラ（井口浜）

第2章　なぜ、減《へ》っているの？

対馬《つしま》の人たちから、こんな声をきいた。

「わしの子どもんころは、ヤマネコをよう見たけん。しかし、今ではもう見かけん」

「年寄《としよ》りはそういうとうばい（言うが）、わしは一度も見たことなかけん」

では、なぜ見かけなくなったのか？　その原因《げんいん》は、なんだろう？

●〔原因・その1〕生息地《せいそくち》が危ない

広葉樹《こうようじゅ》の減少……１９６０年代、対馬では、森林を切り開き、スギ、ヒノキの植《しょく》林《りん》がさかんだった。

そのころ、７万人もいた人口は、今では半分に減《へ》り、高齢化《こうれいか》が進んでいる。

森の手入れがされなくなり、荒《あ》れた植林地《しょくりんち》は日がささず、下草《したくさ》も生えない。そのため、ヤマネコのエサになる小動物も少なくなり、ヤマネコのすむ環境《かんきょう》には適《てき》さなくなってしまった。

森の荒廃《こうはい》ばかりでなく、田んぼや畑が減《へ》っていることもヤマネコのエサの減少《げんしょう》につながっている。

道路による生息地《せいそくち》の分断《ぶんだん》……島《しま》の経済《けいざい》をささえているのが、道路工事や河川改修《かせんかいしゅう》、ダム建設《けんせつ》。

ヤマネコの生息地《せいそくち》を分断するように、道路がはりめぐらされている。繁殖期《はんしょくき》に相手を探したり、子育《こそだ》てをしたりする上でも、安全な環境《かんきょう》とはいえなくなった。

●〔原因《げんいん》・その2〕交通事故多発《こうつうじこたはつ》！

毎年2～5頭のヤマネコが交通事故にあっている。ヤマネコ全体の数が少ないので、たとえ2頭の事故でも深刻《しんこく》だ。

◀交通事故《こうつうじこ》にあった
ヤマネコ

ヤマネコ
交通事故発生場所▶

★印＝事故発生現場

提供：対馬野生生物保護センター

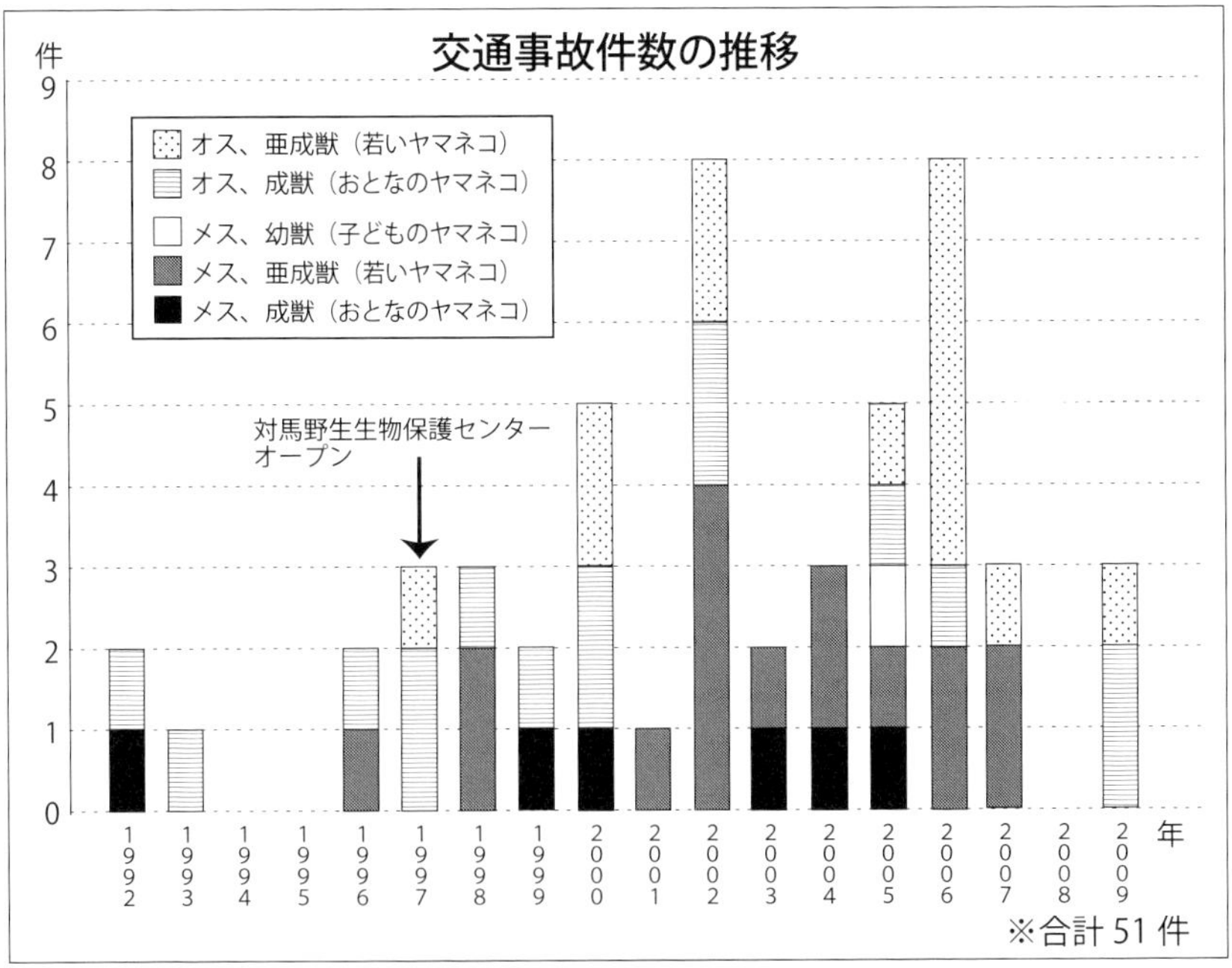
交通事故件数の推移
件
オス、亜成獣（若いヤマネコ）
オス、成獣（おとなのヤマネコ）
メス、幼獣（子どものヤマネコ）
メス、亜成獣（若いヤマネコ）
メス、成獣（おとなのヤマネコ）
対馬野生生物保護センターオープン
年
※合計51件

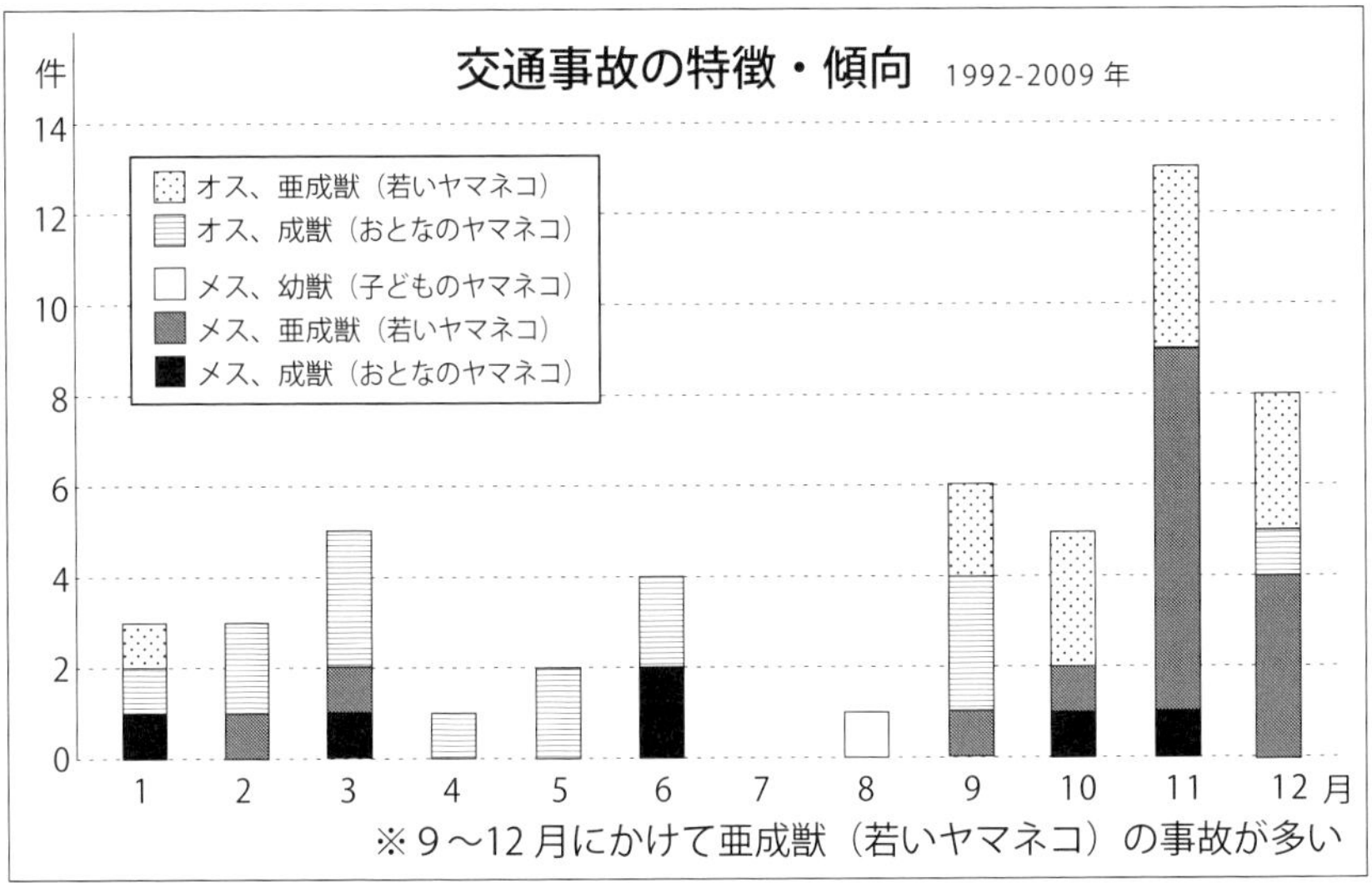
交通事故の特徴・傾向 1992-2009年
件
オス、亜成獣（若いヤマネコ）
オス、成獣（おとなのヤマネコ）
メス、幼獣（子どものヤマネコ）
メス、亜成獣（若いヤマネコ）
メス、成獣（おとなのヤマネコ）
月
※9～12月にかけて亜成獣（若いヤマネコ）の事故が多い

提供：対馬野生生物保護センター

２００６年には、年に８件の交通事故《こうつうじこ》があった。そのうちの１頭だけが、運よく保《ほ》護《ご》、治療《ちりょう》されて、自然へはなされたが、残りの７頭は死亡《しぼう》している。

１９９２年～２０１０年５月現在まで、51頭のヤマネコが交通事故にあい、そのうち44頭が死亡している。

年間の事故による死亡を１頭減《へ》らせば、「１００年後の絶滅《ぜつめつ》の危険性《きけんせい》」は今の半分に、３頭減らせば、10分の１になると、専門家《せんもんか》はいう。

以前は林業《りんぎょう》がさかんだったために、材木を運ぶ林道も多くつくられた。

そうでなくても、電車のない対馬《つしま》では、島人《しまびと》にとって自動車はかかせない。

一方、ヤマネコも沢《さわ》や尾根《おね》を歩き、エサを求《もと》めて道路をわたり、田んぼや畑に出てくる。

しかも、ヤマネコがよく活動《かつどう》するのは夕方から夜。そして明け方。スピードを上げて走りぬける車には、ヤマネコの姿《すがた》はよく見えず、急ブレーキも間に合わない。

事故死《じこし》したヤマネコが子育て中の母親だったら、その母親をたよりに生きている子どもは、育《そだ》つことができるだろうか？

お腹《なか》に2頭の赤《あか》ん坊《ぼう》がいたヤマネコがひかれてしまったこともあった。

1頭の母親の死は、複数のヤマネコの死につながるのだ。

交通事故《こうつうじこ》がもっとも多いのは11月。9月〜12月は、親離《おやばな》れした若いヤマネコが自分のすみかを求めて、あちこち動きまわる。

事故にあうヤマネコの52％が若《わか》いヤマネコだというから、車をよける知恵《ちえ》も、まだじゅうぶんについていないのだろう。

また、ツシマヤマネコにかぎらず、ツシマテン、イエネコ、ヘビ、カエル、カニなど多くの動物が交通事故の犠牲《ぎせい》になっていることも、わすれてはならない。

●〔原因《げんいん》・その3〕……やっかいな病気《びょうき》

ネコ免疫不全《めんえきふぜん》ウイルス感染症《かんせんしょう》（FIV《エフアイブイ》・通称《つうしょう》ネコエイズ）……ウイルスに感染したイエネコとのケンカなどからうつる。

ネコ白血病《はっけつびょう》ウイルス感染症《かんせんしょう》……感染力《かんせんりょく》が強く、死亡率《しぼうりつ》も高い。ケンカばかりでなく、グルーミングでもうつるので、親から子へもうつってしまう。

ただし、どちらの病気《びょうき》も、人間にはうつらない。

●〔原因《げんいん》・その4〕……苦《くる》しめるワナ

ニワトリ小屋のわきには、ニワトリが野生動物《やせいどうぶつ》に襲《おそ》われないように、むかしからトラバサミがいくつも仕掛《しか》けられていた。

今の法律《ほうりつ》で、捕獲《ほかく》を目的にした使用は禁止《きんし》。2008年からは、島内すべての販売《はんばい》店《てん》でトラバサミを売ることを自粛《じしゅく》することになり、売っていないはずだ。しかし以前から持っていて、使っている人がいないとはいえない。

ヤマネコのほかにも、イタチやテンなどがニワトリをねらって小屋《こや》に近づいてくる。ニワトリは、むかしから島の重要な蛋白源《たんぱくげん》。それを野生動物《やせいどうぶつ》から守る手間《てま》のかからない道具なので、かんたんに捨てられないのだろう。

これに足をはさまれると、骨折《こっせつ》したり、大きな傷《きず》を負《お》うこともある。場合によっては、足を失《うしな》うこともあり、最悪《さいあく》の場合は死《し》んでしまう。

足を失った野生動物は、自然のなかでエサとなる小動物を捕《つか》まえるのはむずかしい。

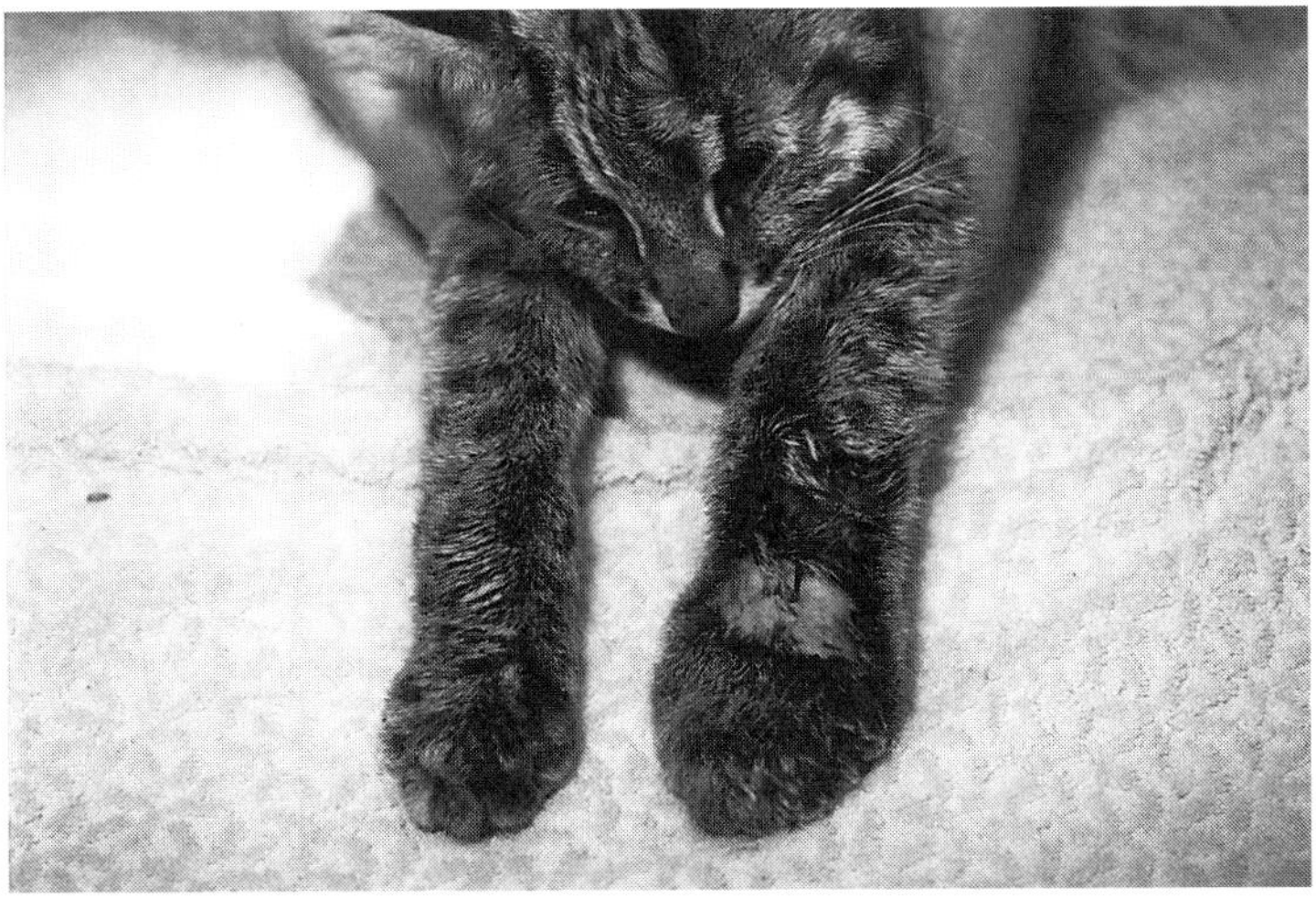

▲トラバサミでケガをしたヤマネコ

▲トラバサミ

提供：対馬野生生物保護センター

1996年から2010年現在までにトラバサミでケガをしたのは8件《けん》。届出《とどけで》がない場合も多いと考えられる。

●〔原因《げんいん》・その5〕……野良猫《のらねこ》・野犬《やけん》の攻撃《こうげき》

飼《か》われていたネコやイヌ（中には猟犬《りょうけん》）が逃《に》げ出したり、捨《す》てられたりして、野《や》生化《せいか》した「ノネコ（野良猫《のらねこ》）」「ノイヌ（野犬《やけん》）」が多くいる。

ノネコには病気《びょうき》をうつされるだけでなく、自然の中でエサや生活圏《せいかつけん》をうばわれる。

また、今までにノイヌの被害《ひがい》にあったヤマネコは4頭確認《かくにん》されているが、死亡率《しぼうりつ》は100%。確認《かくにん》すること自体《じたい》むずかしく、じっさいには、もっと多いだろう。

最近、シカ、イノシシが増《ふ》えていて、ヤマネコへの影響《えいきょう》が心配《しんぱい》されている。

では、どうしたら守れるだろう?

地球上では、1秒《びょう》に200種の生物《せいぶつ》が絶滅《ぜつめつ》しているといわれる。今、この瞬間《しゅんかん》にも、人知れず姿《すがた》を消《け》していく生物がいる。

絶滅《ぜつめつ》するとわかっていても、対策《たいさく》がとられないまま、消えてしまう生物《せいぶつ》も多い。しかし、対馬《つしま》ではその対策がとられている。それは、ヤマネコにとって、とても幸運《こううん》なことだ。

その具体的《ぐたいてき》な対策を見ていくまえに、次の章では、ほんとうにあったツシマヤマネコの物語を紹介《しょうかい》しよう。

▲自然の中でエサをつかまえるヤマネコ

撮影：川口　誠

第3章　ツシマヤマネコたちのメッセージ

【No.1♂《オス》】飛行機《ひこうき》に乗ったヤマネコ

１９９６年、対馬《つしま》の上県町《かみあがた》の農道で、シカよけネットに引っかかって弱っていた子どものヤマネコが見つかり、保護《ほご》された。

そのころは、今のように対馬野生生物保護《やせいせいぶつほご》センター（以後センターという）も、動物病院もなかった。そこで、福岡《ふくおか》市動物園へ飛行機で運ばれることになった。

そのとき治療《ちりょう》にあたった元福岡市動物園の獣医《じゅうい》、丸山浩幸《まるやまひろゆき》さんがおしえてくれた。

「右の前足を脱臼《だっきゅう》（関節《かんせつ》の骨《はね》がはずれる）していました。治療《ちりょう》（炎症《えんしょう》をおさえる薬や抗生《こうせい》物質《ぶっしつ》を与《あた》える）して、だいぶよくなったのですが、足をつくと痛《いた》むようで、長いあいだ、歩きにくそうにしていました。そのため、動物病院には約２ヵ月間入院《にゅういん》していました」

まだ、子ネコだったこともあり、なにをどう食べさせたらいいか、とても苦労《くろう》したそうだ。

それで、ベンガルヤマネコのエサを参考《さんこう》にして、マウスや馬肉《ばにく》、牛の肝臓《かんぞう》などを与えた。

今は元気で、13頭のお父さんだ。

【ウルメ♀《メス》】カニかごの中にヤマネコが！

2002年1月30日、倉庫《そうこ》の中につるされたカニかごの中に、若《わか》いヤマネコが入っているのが発見された。

地上から約160センチ。カニカゴの中にはウルメイワシが干してあり、干《ほ》しイワシをつくるつもりだったようだ。

よっぽど、おなかをすかせていたらしく、においにつられて入ってしまったらしい。

その名も「ウルメ」とつけられた。

▲No.1（福岡《ふくおか》市動物園）

そのとき保護《ほご》にあたった元センター職員《しょくいん》の村山晶《むらやまあきら》さんに話をきいた。

「ウルメはやせていて、血液検査《けつえきけんさ》の結果《けっか》、肝《かん》臓《ぞう》の機能《きのう》にも問題がありました。その後、長い時間をかけて治療《ちりょう》を行った結果、体力もついてきて、野生復帰《やせいふっき》にむけて訓練《くんれん》をおこなうまでに回復《かいふく》しました。

そこで、困《こま》ったことがおこりました。野生《やせい》に返すためには、危険《きけん》から身を守ることができること、そして自分の力で十分なエサをとることができることが重要《じゅうよう》です。ウルメは人の姿《すがた》を見るとかくれたり、威嚇《いかく》したりすることはできましたが、エサを積極的《せっきょくてき》にとろうとしないのです。

▲かごの中に入ってしまったウルメ

生きたエサをとる練習《れんしゅう》として、ウズラやマウスを与《あた》えても反応《はんのう》がおそく、むずかしいと、すぐにあきらめて寝《ね》てしまいます。そこで、ある作戦《さくせん》をたてました。

自然の中では、エサが取れないこともあります。そこで、わざと2日間えさを与えず、空腹状態《くうふくじょうたい》になったところで、やってみることにしました。すると、ようやくエサをとるようになったのです。

この日をきっかけに、エサをとる訓練《くんれん》が進みました。センターに保護《ほご》されてから約4ヵ月後の5月20日、ウルメは山へかえっていきました。その後の行動を追《お》うために発信機《はっしんき》のついた首輪《くびわ》をつけました。メスはオスに比《くら》べて行動域《こうどういき》がせまいといわれますが、ウルメは広い範囲《はんい》を移動《いどう》しています。

元気に動いているのか？　それとも、ほかのヤマネコにはじき出されて、落ち着ける場所がないのか？　心配《しんぱい》しながら見守りました。山へ返して4ヵ月が過ぎたころ、もうだいじょうぶかなと思い、追跡調査《ついせきちょうさ》を終えました。

しかし残念《ざんねん》なことに、翌年《よくねん》2003年5月11日、ウルメは、道路のそばで白骨状《はっこつじょう》態《たい》で見つかりました。エサをとることができなかったのか、交通事故《こうつうじこ》にあってしまったのか、原因《げんいん》がつかみきれなかったのが残念《ざんねん》です」

【みどり♀《メス》】動物園で初めて生まれたヤマネコ

2000年4月18日、福岡《ふくおか》市動物園で、対馬《つしま》で保護《ほご》されたヤマネコたちの間に、初めての赤ん坊《ぼう》が誕生《たんじょう》した。

それが「みどり」だ。

今は、富山《とやま》市ファミリーパークで、元気な彼女《かのじょ》にあうことができる。

名前の由来《ゆらい》は、一般《いっぱん》からの応募《おうぼ》で、「目がみどり色に見えたから」。

飼育担当《しいくたんとう》の小峠拓也《ことうげたくや》さんによると

「落ち着いた性格《せいかく》で、エサもよく食べてくれるので、安心して見ていられますが、もう年とっているので、冬の寒さや夏の暑さで体調《たいちょう》をくずさな

▲みどり（富山市ファミリーパーク）

いように気を配《くば》っています」

また、同じ親からのちに生まれた「モモ・♀《メス》」（129ページ）もとなりのケージにいる。

一般から「かわいい名前だから」とつけられたが、警戒心《けいかいしん》が強く、人が近づくとすぐに、「シャーシャー」と怒《おこ》る。

健康診断《けんこうしんだん》のためにオリに入れるのも、3日もかかる。

でも、この姉妹《しまい》はとても仲よし。

朝は、となりの柵《さく》ごしによりそっているところが、よく見られるそうだ。

【トモオ♂《オス》】困《こま》ったヤマネコ

2002年5月。車にひかれケガをした1頭のオスのヤマネコがセンターに運ばれてきた。

治療《ちりょう》を受けて、自然に放《はな》されたが……。

その後、ニワトリ小屋《ごや》で発見された。もちろん、ニワトリをねらいに……。

ひとまず、センターで保護《ほご》。それから3ヵ月後、なんと！　自力《じりき》で脱走《だっそう》。

自然の中で暮《く》らしているのであれば、問題はなかった。しかし、２００３年の冬、またニワトリ小屋《ごや》に侵入《しんにゅう》、ニワトリをいただいているところを発見された。

その後も、自然に返された。

ところが、翌年《よくねん》（２００４年）の冬、またニワトリ小屋に入っているところを発見された。これで、3回目だ。

最初の被害《ひがい》にあったのは、佐護区《さごく》の平山美登《ひらやまよしのり》さんの飼《か》っているニワトリだった。

10羽《わ》のニワトリが全滅《ぜんめつ》。そのときのようすを平山さんにきくと、

「魚網《ぎょもう》で侵入《しんにゅう》を防《ふせ》いでいたが、テンが食いやぶって穴をあけたんやと思う。その後、ヤマネコが入ったらしい。見つけたときは、ヤマネコだけやったが……」

▲トモオ（福岡《ふくおか》市動物園）

テンはするどい歯《は》で、網《あみ》も食い破る。小食《しょうしょく》なので、ちょっと食べてすぐに逃《に》げだす。一方、ヤマネコは、ゆっくり時間をかけて満腹《まんぷく》になるまで食べるため、見つかるのはたいていヤマネコなのだ。

その後、平山さんは、となりに新しい小屋《こや》を作って鉄のフェンスにしたところ、被《ひ》害《がい》はなくなった。

しかし、こんなに何度もニワトリ小屋に来てしまうヤマネコを、自然へかえしても、また同じことをくり返すだろう。

友谷《ともや》で保護《ほご》されたので、「トモオ」と名づけられたヤマネコは、これからは、人間の保護のもとで暮《く》らしてもらうことになった。

それにしても、なぜ、くりかえしニワトリ小屋へ来てしまうのか？　飼育《しいく》しているうちに、そのわけがわかった。

トモオは、左から食べものを与えても気がつかないことがある。左目が悪いのだ。

もしかすると、交通事故《こうつうじこ》の後遺症《こういしょう》なのかもしれない。

ヤマネコは両目を使って獲物《えもの》をとらえる。それがうまくいかないために、かんたんにとれるニワトリ小屋《ごや》をねらうようになったのではないだろうか？

そうだとしたら、人間が引き起こした事故《じこ》が、自然界では生きられないヤマネコにしてしまったことになる。

その後、トモオは福岡《ふくおか》市動物園に引き取られ、２００６年５月、３頭（オス２頭・メス１頭）のお父さんになった。

そのうちのオス２頭は、非公開《ひこうかい》だが対馬野生生《つしまやせいせい》物保護《ぶつほご》センターで仲よく暮《く》らしている。メスは富山《とやま》市ファミリーパークで、繁殖《はんしょく》のために非公開に飼育《しいく》されている。今後は、赤ん坊誕生《ぼうたんじょう》が期待《きたい》されている。

そしてトモオは、２００９年５月、同じ対馬で保護された「ココロ」との間に、新たな命を（メス）誕生させた。

▲トモオの息子（対馬野生生物保護センター・非公開）

提供：対馬野生生物保護センター

同年6月、福岡市《ふくおか》動物園生まれのメスとの間に、赤ん坊《ぼう》2頭（2頭ともオス）が誕生した。

この仔《こ》たちの母親は、No.1の娘《むすめ》だ。今回の出産《しゅっさん》は4度目のベテランママ。仔ネコたちがエサを食べるのをみとどけてから、ようやく自分も食べるやさしいお母さんだ。（すでに子どもたちは親離《おやばな》れして、それぞれ元気にくらしている）

トモオは、これで6頭のお父さんになった。

もし、トモオが交通事故《こうつうじこ》で死《し》んでいたら？　何度もニワトリをねらうためにトラバサミで命《いのち》をおとしていたら？　こんなに多くの命が誕生《たんじょう》することはなかった。

福岡市動物園は2010年5月現在、ツシマヤマネコの仔が生まれて育っている、唯一《ゆいいつ》の動物園だ。（同園では、現在39頭が生まれ、そのうち25頭が生存している）

【ココロ♀《メス》】ゴミ捨《す》て場《ば》にヤマネコが！

2005年2月17日、ゴミ捨て場の周辺《しゅうへん》を動物が荒らすので、箱《はこ》ワナをしかけたところ、ヤマネコがかかってしまった。

保護《ほご》されたとき、からだじゅうゴミのにおいがプンプンしていた。

「メスだから名前は、ゴミエにするか?」なんて、ふざけてよんでみたものの、それではあまりにもかわいそう! 上県町《かみあがたまち》の飼所《かいどころ》という場所で保護されたので、「かいどころ」をもじって「ココロ」。とてもきれいな名前になった。

保護したときは、ガリガリにやせていて1400グラムしかなかった。

福岡《ふくおか》市動物園に送られ、トモオとペアになった。

動物園のヤマネコは、交尾《こうび》のあとは知らん顔のペアもいるのに、この2頭はグルーミングをして、とても仲《なか》よし。

赤ん坊《ぼう》誕生《たんじょう》のようすをビデオで見せてもらった。ココロは、初めての赤ん坊をだいじな宝物《たからもの》をあつかうように、ずうっとなめていた。

▲ココロと娘（福岡市動物園・非公開）

その後の検査《けんさ》で、赤ん坊《ぼう》はメスとわかった。ココロは、元気に育《そだ》っている子どもを、しっぽでじゃらすなどして、いいお母さんぶりをみせていた。（この仔《こ》ネコNo.48は、現在佐世保《させぼ》市亜熱帯《あねったい》動植物園で元気に暮《く》らしている）

【つつじ♀《メス》】センターの元人気者はFIV《エフアイブイ》感染《かんせん》（ネコ免疫不全《めんえきふぜん》ウイルス感染症《かんせんしょう》）

「つつじ」はセンターで初めて公開《こうかい》された「つしまる♂《オス》」のつぎの看板《かんばん》ネコ。

美しいヤマネコにふさわしく、対馬《つしま》に自生《じせい》するゲンカイツツジからつけられた。

おっとりとした性格《せいかく》と愛《あい》らしい顔で、すぐにみんなの人気者《にんきもの》になった。

彼女《かのじょ》は、琉球大学《りゅうきゅうだいがく》の調査《ちょうさ》のために捕獲《ほかく》された野生《やせい》のヤマネコだ。

▲つつじ

提供：対馬野生生物保護センター

同センターの「つしまる」（老衰《ろうすい》のため死亡《しぼう》）と同じ、ネコ免疫《めんえき》ウイルス感染症《かんせんしょう》（通称《つうしょう》ネコエイズ）だったため、自然にもどすことができなかった。

自然の中で生きていたのに、囲《かこ》いの中から一生出られないのは、野生動物にとって、つらいことだと思う。

でも、今までほんもののツシマヤマネコを見たことがなかった人も、つつじを見たおかげで、正確《せいかく》な目撃情報《もくげきじょうほう》が増《ふ》えた。

これまでは、キジネコとまちがえた情報《じょうほう》も多かったそうだ。

また、「守れといっても、見たこともないものを守る気持ちには、なかなかなれない」という声もあった。

それが、つつじを見たとたん、「これからも、この島にいてほしい」という気持ちにさせられるだろう。

つつじは高齢《こうれい》になり、「福馬《ふくま》」に看板《かんばん》スターの座《ざ》をゆずって、飼育小屋《しいくごや》で静かな余生《よせい》を送《おく》っていた。その後、２００９年7月16日に老衰のため死亡した。

推定年齢《すいていねんれい》は９歳以上《さいいじょう》。前日まで変わったようすもなく、静かに息《いき》をひきとったようだ。

【福馬《ふくま》♂《オス》】現在のセンターの看板《かんばん》スター

福岡《ふくおか》市動物園で生まれ、対馬《つしま》にきたので、それぞれの地名を一字ずつとって「福馬」とつけられた。

「いたって健康《けんこう》。臆病《おくびょう》なくせに好奇心《こうきしん》が強く、人にも興味《きょうみ》をもっている。やんちゃで食いしん坊」

そうおしえてくれたのは、飼育担当《しいくたんとう》の川口《かわぐち》誠《まこと》さんだ。川口さんが近づくと、エサの時間だとわかるらしく、いそいであとを追《お》う。

福馬《ふくま》くんのようすは、インターネットの「ツシマヤマネコライブカメラ」からも見ることができる。（103ページ参照）

▲福馬（対馬野生生物保護センター）

提供：対馬野生生物保護センター

【キャロ♀《メス》】……母親は交通事故死《こうつうじこし》、仔《こ》ネコの運命《うんめい》は？

２００4年6月21日、車にひかれたヤマネコの死体《したい》が路上《ろじょう》で発見された。発見したのは、野田一男《のだかずお》さんと前田剛《まえだつよし》さんだ。

野田さんは、「ツシマヤマネコ応援団《おうえんだん》」の代表。前田さんは当時大学院生で、ツシマヤマネコの取材《しゅざい》にきていた。ふたりは、蛍《ほたる》を見に出かけるとちゅうだった。

死んだヤマネコのおっぱいからは、まだ乳《ちち》が出ていた。

きっと、仔《こ》ネコがいるはず。このままでは、仔ネコも死んでしまうにちがいない。

センターへ連絡《れんらく》し、職員《しょくいん》とともに仔ネコさがしが始まった。

ちょうどそのころ、ヤマネコらしい仔ネコを2頭見かけたという中学生がいた。

その少年は、ヤマネコの生態《せいたい》にくわしいクラスメイトからヤマネコの特徴《とくちょう》をきいていた。「ヤマネコにまちがいない！」と言う。

ヤマネコにくわしいクラスメイトとは、野田一男《のだかずお》さんの息子《むすこ》、慎太郎《しんたろう》くんだった。

5日たっても、仔ネコは見つからない。

飢《う》え死にするのも時間の問題。

夜遅《よるおそ》くまで、みんなで必死《ひっし》に探しまわった。すると、まっ暗な国道で、もぞもぞ動いているものを発見。

ライトに浮《う》かんだのは、まちがいなくヤマネコの子どもだ。

車にひかれて、道路にこびりついたカエルやカニの死体《したい》をむちゅうでなめとっている。

いくら待っても、お母さんはかえってこない。腹《はら》をすかせて、自分で食べ物をあさっていたのだ。

夜の舗道《ほどう》は、危険《きけん》がいっぱい！　お母さんと同じように事故《じこ》にあったかもしれない。そうなる前に保護《ほご》されて、ほんとうによかった。

名前は、路上《ろじょう》の「カニ」を食べていたことから、「道路上のカニ」（Cancer on the road）をもじって「キャロ」。

生まれてまもない時期に人間に保護され、その

▲キャロ（よこはま動物園ズーラシア・非公開）

提供：対馬野生生物保護センター

期間が長くなったために、自然界へ返すことはできなかった。

現在、「キャロ」はよこはま動物園ズーラシアの繁殖《はんしょく》センター（非公開《ひこうかい》）にいる。

警戒心《けいかいしん》が強いため、ストレスを与《あた》えない約束《やくそく》で、モニターからそっとのぞかせてもらった。

飼育《しいく》ケージにつくられた棚《たな》の上にすわって、耳だけ少し動かして、体をかたくしている。

わたしの気配《けはい》で、緊張《きんちょう》させてしまったかもしれない。

園に来たときは、巣箱《すばこ》にかくれて、飼育担当《しいくたんとう》の川寄立太《かわさきりゅうた》さんに、3ヵ月間も姿《すがた》を見せなかったそうだ。

2009年度からの担当《たんとう》、富岡由香里《とみおかゆかり》さんには、1ヵ月後にようやく姿を見せた。

「わざわざ出てきて、シャーって、ときどき威嚇《いかく》するんですよ」と、姿《すがた》を見せてくれることがうれしそうに、答えてくれた。

繁殖《はんしょく》センターでは、ほかに2頭のオスがいて、2008年10月、そのなかの1頭と「キャロ」はお見合いをした。

おたがいに気にいったようで、12月末に同居《どうきょ》。5月には赤ちゃん誕生《たんじょう》が期待されたが、残念《ざんねん》ながら生まれなかった。今後に期待しよう。

よこはま動物園ズーラシアで公開されているのは、福岡《ふくおか》市動物園（２００３年）生まれのメスのヤマネコ。とってもかわいい。ぜひ会いにいってね。（１２８ページ）

【ガト♂《オス》】　トラバサミにかかったヤマネコのゆくえ

２００５年2月3日の夜、「発信機《はっしんき》をつけたヤマネコがトラバサミにかかっているらしい」と、センターに連絡《れんらく》があった。

知らせてくれたのは、「ヤマネコを守る会」会長の山村辰美《やまむらたつみ》さんだ。

そのヤマネコは、琉球《りゅうきゅう》大学が行動をくわしくしらべるために捕獲《ほかく》して、発信機《はっしんき》つきの首輪《くびわ》をつけて追《お》っていたオスの個体《こたい》だった。

▲ガト　　提供：対馬野生生物保護センター

それが「ガト」だ。対馬北部《つしまほくぶ》、上県町《かみあがたまち》で一番高い山、御岳《みたけ》近くにすみ、山地の暮《く》らしをおしえてくれる貴重《きちょう》な存在《そんざい》だった。

救出《きゅうしゅつ》に向かったときは、すでに姿《すがた》はなく、トラバサミをひきずったまま、逃《に》げてしまったあとだった。

トラバサミはめったにはずれない。このままでは、はさまれた足を切断《せつだん》することになるかもしれない。また、化膿《かのう》した傷《きず》がひどくなれば、死《し》んでしまう。

夜になり、山の中の捜索《そうさく》は人間にとっても危険だ。気ばかりあせるものの、夜明けを待つことになった。

早朝から、発信機《はっしんき》の電波《でんぱ》の強さをたよりに、手分けして山の中を探《さが》しまわった。こんなときにも、発信機が役に立った。

でも、ヤマネコの斑点《はんてん》もようは、落ち葉の上では保護色《ほごしょく》。見つけるのは、やはり大変《たいへん》だ。

さがしまわって5時間が過ぎた。

それでも、あきらめるわけにはいかない。その思いが通じたのか、ヘトヘトに疲《つか》れて動けなくなっていたガトをようやく保護《ほご》することができた。

心配《しんぱい》していた傷《きず》は、左前あしの指一本だけだ。そこを切断《せつだん》して、自然に返すことができた。

その後も2007年3月まで、初めの捕獲《ほかく》から約5年間にわたって、元気に生きていることが確認《かくにん》されている。（自然にもどされてからの行動は確認できなくなることも多いなか、2年間も生存《せいぞん》が確認されたのは、まれな例だ）

【ヒトエ♀《メス》】……野生復帰《やせいふっき》を果《は》たせるか？

2008年2月の夜、対馬北警察署《つしまきたけいさつしょ》から衰弱《すいじゃく》したヤマネコをあずかっていると、センターに連絡《れんらく》がはいった。

最初に発見したのは、当時小学6年生の米田貴絵《こめだきえ》さんだ。上対馬町一重《かみつしままちひとえ》の路上《ろじょう》で、1頭《とう》のヤマネコがうずくまっていた。貴絵さんは、以前学校の授業《じゅぎょう》で、センターの人からヤマネコの特徴《とくちょう》をきいていたので、すぐわかった。

もし、貴絵さんに発見されなかったら、どうなっていただろう。

▼ヒトエ　　撮影：川口　誠

警察《けいさつ》まで運んでくれたのは、その場を通りがかったタクシードライバーの立花孝行《たちばなたかゆき》さん。立花さんもふつうのネコとはちょっとちがっていたので、ヤマネコだと思ったそうだ。

外傷《がいしょう》はないものの、鼻血《はなぢ》を出していた。動けなかったのは、車にはねられたためだった。頭を打っていて、3日間、意識不明《いしきふめい》の状態がつづいた。

治療《ちりょう》（保温《ほおん》と点滴《てんてき》、投薬《とうやく》）の結果《けっか》、ようやく意《い》識《しき》をとりもどした。

こうして、1頭のヤマネコの命《いのち》は、たくさんの人たちによって、救《すく》われた。

その後、クルクルまわるなどの症状《しょうじょう》がみられたものの、広い場所にうつすとだんだん元気になった。

野生へ返すための生きた動物を狩る訓練《くんれん》も無事《ぶじ》クリアした。

そして、ヒトエは２００９年６月11日、保護《ほご》されてから１年４ヵ月ぶりに、野生へかえった。

１年以上の長い間、飼育《しいく》されていた個体《こたい》を自然に復帰させるのは初めてだ。無事に自然のなかで生きていってほしい。期待もあったし、心配もあった。

その後の行動を調べるために、ヒトエの首には発信機《はっしんき》がつけられた。10日間、毎日追跡《ついせき》していた茂木周作《もてきしゅうさく》さんによると、

「はじめはとまどっていたようすでしたが、しばらくすると、毎日のように尾根《おね》を越《こ》え、沢《さわ》をわたり、ときには道路を横断《おうだん》して、移動した距離《きょり》は直線距離にして６キロにおよびました」

茂木さんは、動きの速いヤマネコを正確に追《お》う名人《めいじん》。軽《かる》い身のこなしで急な斜面《しゃめん》も軽やかに行き来するネコのような人だ。

１ヵ月後の７月９日、発信機《はっしんき》の位置が動かなくなり、確認《かくにん》しにいくと、ヒトエは弱って動けなくなっていた。

すぐに保護《ほご》して、治療《ちりょう》がおこなわれたが、残念《ざんねん》ながら2日後に死《し》んでしまった。２５６０グラムの体重が１３７０グラムになっていた。きっと、じゅうぶんにエサがとれなかったのだろう。

ヒトエの交通事故《こうつうじこ》から６７５日間、ヤマネコの事故は確認《かくにん》されていなかった。しかし、２００９年12月8日の夜、若《わか》いオスのヤマネコが道路上《どうろじょう》で死んでいるのが発見された。死体《したい》のようすから、事故《じこ》にあったもののようだ。また、２０１０年１月11日と3月21日に、交通事故で死亡《しぼう》したとみられるヤマネコが発見された。

これにより、１９９２年から２０１０年5月までの事故発生件数は51件（うち44頭死亡）になる。

ここで紹介《しょうかい》したヤマネコたちは、ほんの一部だ。なかには、人知れず死んだものもいるだろう。また、治療《ちりょう》のかいもなく死んでしまうヤマネコもいた。

一度は野生《やせい》に返すことができても、次には死体で見つかった例は、ほかにもある。

「それでも、野生で生きていくことが野生動物にとって、一番幸《しあわ》せだと思います」

と、センターの川口誠《かわぐちまこと》さんはいう。

だからこそ、ヤマネコが生きていける環境《かんきょう》がだいじだと思う。

その一方で、病気《びょうき》やそのほかの理由《りゆう》で、どうしても自然へ返すことができないヤマネコもいる。

それでも、ヤマネコたちは、今、この瞬間《しゅんかん》を生きようとしている。

動物園にいったら、ヤマネコのせおっている物語《ものがたり》を思い出してほしい。

▲ココロの娘（福岡《ふくおか》市動物園・非公開《ひこうかい》）

▲白骨化《はっこつか》したヤマネコ　提供：対馬野生生物保護センター

第4章　どうしたら、守れるの？

このままではヤマネコがいなくなってしまう！
その思いが、島の人たちのあいだに、しだいに伝わっていった。
ここでは、その人たちの活動を紹介《しょうかい》しよう。

●山の対策《たいさく》……豊かな森をとりもどそう《舟志《しゅうし》の森づくり》

対馬《つしま》は島の約９割が山だ。

１９６０年代、材木をとるためスギやヒノキがさかんに植えられたが、しだいに海外からの安い木材の輸入《ゆにゅう》におされて、売れなくなった。

そのため、7万人いた人口は半分近くに減《へ》り、高齢化《こうれいか》がすすんで、森も手入れされなくなった。

上対馬町《かみつしままち》の「舟志《しゅうし》の森」では、昔のように、ヤマネコのすむ豊かな森をとりもどそうと、樹木《じゅもく》にくわしい地元の人が中心になって、間伐《かんばつ》をおこなっている。

そのあとに、コナラ、クルミ、マテバシイなど、ドングリのなる広葉樹《こうようじゅ》を育てている。

ドングリとヤマネコは、深いつながりをもっているのだ。

広葉樹の森は、ネズミやモグラなどの小動物《しょうどうぶつ》を育てて、それがヤマネコのたいせつなエサとなる。

「舟志の森」は、じつはセメント会社の土地だ。セメント原料《げんりょう》の一部である粘土《ねんど》をとることになっていたが、セメントの需要《じゅよう》が減《へ》ったこと、粘土にかわるもの（石炭灰《せきたんばい》など）が利用されるようになったことなどで、対馬の天然《てんねん》の粘土が必要なくなり、森はそのままになっていた。

「ヤマネコのためにも、豊かな森づくりをしたい」という地元の人たちの気持ちが通じて、16ヘクタール（16万平方メートル）の植林《しょくりん》の伐採《ばっさい》や立ち入りを許可《きょか》され、そして、森を管理《かんり》する費用《ひよう》も出してくれることになった。

森の入り口にはりっぱな門があり、「舟志《しゅうし》の森」と書かれた看板《かんばん》がかけられている。シカよけネットをくぐって入っていくと、1メートル以上の高さに育った苗木《なえぎ》が、プラスチック製の円筒《えんとう》（シカよけのヘキサチューブ）に守られて、すっくと立っていた。

これは、2008年2月22日「ねこの日」に比田勝《ひたかつ》小学校の6年生が卒業記念《そつぎょうきねん》に、4年生の時からたいせつに育ててきた苗を植えたもの。

円筒には「元気に育て！」など、子どもたちの願いが書かれていた。

同じ年には、この森の中の50ヘクタール（50万平方メートル）で間伐が行われた。まず枝をはらい、木を切り、その木を運び出す。1日3～5人が7時間かけて、延《の》べ15日かかった。

ここでは、ネズミやモグラが、どのぐらい生きているのか、調査《ちょうさ》をしている。センターが中心になって、間伐《かんばつ》をする前と後で、ネズミの数がどのぐらい変化したかを2008年5月～2010年3月までの2年間にわたって調査した。その結果、

▲舟志《しゅうし》の森

▲森づくりのようす

提供：対馬野生生物保護センター

間伐後にはアカネズミが増《ふ》え、ヤマネコにとってエサの多い環境《かんきょう》になったことがわかった。

わたしも「ボランティア舟志《しゅうし》」の古藤朋子《ことうともこ》さんと定《さだめ》さん姉弟、古藤清文《きよふみ》さん、古藤精一《せいいち》さんたち、センターの職員《しょくいん》といっしょに、その調査《ちょうさ》に参加《さんか》した（舟志地区には古藤姓《せい》が多い）。

間伐《かんばつ》した林の中に、10メートルおきに36個の捕獲《ほかくよう》用のカゴが置かれている。かごの中に、切手大に切った油あげをつるす。

油あげは値段も安く、しかけの針金にひっかけやすい。そのうえ、ネズミにとっては高カロリーで、好物《こうぶつ》だという。

ネズミが油あげをとろうとすると、バネがはずれてカゴの扉《とびら》がしまるしかけだ。

ヒメネズミやアカネズミ、モグラのなかまのヒミズが入る。

3月に多く、わたしが参加した5月末の3日間では、ヒメネズミとアカネズミの合計たったの2匹。

こんなに少ないとは思わなかった。ヤマネコの苦労《くろう》がわかったような気がする。

ヒメネズミは印がついていたので、前につかまった個体《こたい》だとわかる。

油あげをだいじそうにかかえこんで、ねむっていた。つかまえたネズミたちは、大きさや種類《しゅるい》などを記録《きろく》し、印をつけて放される。

カゴの中に、ネズミのかわりにマムシが入っていたのにはビックリ！ たぶん、カゴに入ったネズミをねらって、すきまから入ったものの、ネズミを飲みこんだら、お腹がふくれて出られなくなったのだろう。

食べるもの、食べられるものの関係をこの目でみることができた。

古藤朋子《ことうともこ》さんは、15年ほど前、ヤマネコ

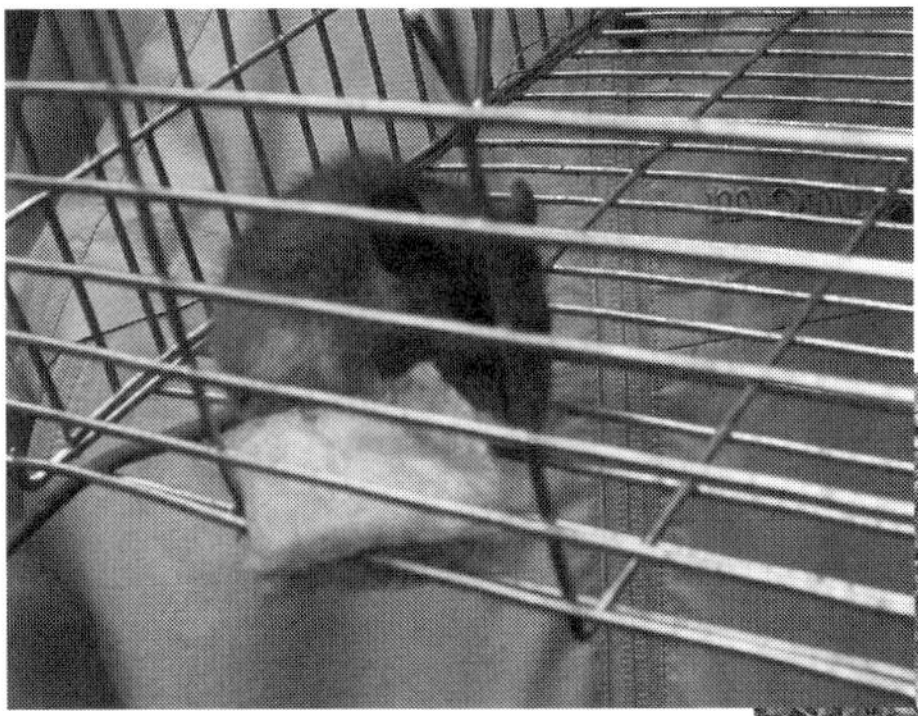

◀ネズミ調査《ちょうさ》のしかけ

ネズミ調査のカゴに入ったマムシ ▶

提供：対馬野生生物保護センター

の子どもを2頭見たことがあるそうだ。場所は、間伐《かんばつ》した森の中。

「きっと、母親も近くにいたろうね。鼻筋《はなすじ》のくっきりとした縞《しま》もようが、印象的やった。今も、忘れられんね」

古藤清文《ことうきよふみ》さんは、子どものころは、ヤマネコを「トラゲ」とよんでいた。山にいるネコぐらいの認識《にんしき》しかなかったが、貴重《きちょう》な動物と知って、守らなければと思ったそうだ。

伐採《ばっさい》された森の一角には、カヤネズミをふやすためにカヤを植えている。

古藤定《さだめ》さんは、これからの課題《かだい》を「後継者《こうけいしゃ》を育てること。地元の理解と協力が変わらずにつづくことです」と話してくれた。

仕事のあとに休める山小屋も手作りだ。

夜になると、こんなに星があったのか！　と驚《おどろ》くほどの満天《まんてん》の星。

その星のしずくがこぼれたように、地面でもわずかな光が！

その正体《しょうたい》は、5月末にはまだ早いと思っていたメスのホタルが、オスをさそうように、地面で光っていたのだ。

「何かの役に立ちたい。それが今のオレたちの生きがい」と語る古藤さんたちの笑顔が、とてもしあわせそうだった。

「ツシマヤマネコ応援団《おうえんだん》」（２００３年４月設立《せつりつ》）代表の野田一男《のだかずお》さんも、林業《りんぎょう》を仕事にしてきたため、以前から放置《ほうち》されたヒノキやスギの植林地《しょくりんち》を「なんとかせにゃいけん」という思いをずっともっていた。

仲間《なかま》たち数人で、ドングリの苗《なえ》を植える計画も立てていた。

そこに「舟志《しゅうし》の森づくり」が持ち上がり、古藤さんたちとともに、森をささえることになった。

「ツシマヤマネコ応援団」は、地元住民を中心としたボランティアグループだが、島外も含めれば約40人の会員がいる。

野田さんは、「自分は、ヤマネコっちゅうより、生まれ育ったこの対馬《つしま》が大好きやけん。家族がだいじやけん。豊かな自然をまるごと子どもや孫《まご》に手渡したい。そのために、自分らのできるこつからやっていきたい」と話す。

２００４年には「とらやまの森再生《さいせい》プロジェクト」をつくり、「将来《しょうらい》は、舟志の森だけでなく、放置《ほうち》されている森林を元気にする手助けがしたい」と、地元のドングリを集めて、苗《なえ》づくりをつづけている。

「舟志《しゅうし》の森」は、企業、舟志区、ツシマヤマネコ応援団《おうえんだん》、対馬《つしま》市の4つの力を合わせて、元気な森づくりをすすめている。

ここは、これからの森づくりのいいお手本となるだろう。

●里《さと》の対策《たいさく》……人にもヤマネコにも《安心・安全》

「ツシマヤマネコを守らなくては……」、そのことに一番早く気づき、「ツシマヤマネコを守る会」をつくったのは山村辰美《やまむらたつみ》さんだ。

対馬野生生物保護《つしまやせいせいぶつほご》センターができる前からヤマネコに関する調査《ちょうさ》やエサやりを行っている。会員は、島外《とうがい》からも多く、約300名。

2003年から対馬市上県《かみあがた》町仁田《にた》地区の休耕地《きゅうこうち》70アール（7000平方メートル）の土地を借り上げて、ソバや大豆を育てている。

できた実は収穫《しゅうかく》せずに、ヤマネコのエサになる野ネズミたちに与えている。畑のまわりには、カヤネズミの巣が増え、キジなどの野鳥もやってくるようになった。

最近では、ヤマネコのフンを見つけることもあるそうだ。

「見たことがないものなど守れない」という声をきいた山村さんは、カメラで撮影《さつえい》したヤマネコの姿を見せる映写会《えいしゃかい》や講演会《こうえんかい》を公民館などで行っている。

わたしは山村さんにお願いして、エサやりをしている場所に案内してもらった。

その場所に近づくと、山村さんは車のクラクションをならす。

ヤマネコへ、「来たよ!」という合図だ。

わたしは、車の中からヤマネコが出てくるのを静かに待つ。

山村さんは用意したニワトリのぶつ切りを置いて、「こーい、来い。なんもせんから、こーい、来い」と静かに語りかける。

待つこと5分弱《じゃく》。山村さんがすわっている1メートルほど先に、野生《やせい》のツシマヤマネコが姿《すがた》をあらわした。

ほんとうにいるんだ！

警戒心《けいかいしん》いっぱいの表情《ひょうじょう》。耳を立て、忍《しの》び足で、まわりに気を配っている。

前足には、シマでなくて、はっきりとした斑点《はんてん》もよう。

とり肉のかたまりをくわえると、すぐに草陰《くさかげ》にかくれたが、しばらくすると、また出てきた。

「花子」だと、山村さんがあとで教えてくれた。

こんどは、その場で食べた。食べ終わると、大急ぎで森のほうへ走り去った。

後ろ向きの耳には、白い三角の虎耳状班《こじじょうはん》がくっきりとみえた。

その後、もう1頭あらわれた。顔の縞《しま》もようがくっきりした若いヤマネコだ。

これは「さん」とよばれている。

2頭は、ケンカすることもなく、おたがいにゆずり合うように、交代で出てきた。

ほかに「太郎」「さごえもん」「とろく」と名づけた個体《こたい》がいるそうだ。

よく来るのは、この「花子」「さん」のほかに「太郎」。

そのときは「太郎」はあらわれなかった。

▲山村さんのエサやりの様子。よく見ると２頭のヤマネコがいますよ。　撮影：山村辰美

▲山村さんの畑

3ヵ月後、「太郎」らしきヤマネコがえさ場近くで、白骨死体《はっこつしたい》で見つかった。

「太郎にちがいない！」

山村さんはきっぱりという。

もし、太郎なら、首に埋《う》めこまれたマイクロチップの番号でわかるはずだ。

そのマイクロチップがなかなか見つからない。死体《したい》を回収したあと、ていねいに調べると、ようやく土の中から見つかった。

番号は、太郎のものと一致《いっち》した。

「もう歳《とし》かもしれんね」と、山村さんは静かに目をとじる。

太郎は、山村さんに見つけてもらいたかったのかもしれない。

警戒心《けいかいしん》いっぱいのヤマネコたちも、山村さんなら、ここまではいいという距離《きょり》があるようだ。

近くに腰をおろしても、なにもされないことを知っているのだ。

野生《やせい》動物にエサを与えることは、問題をおこすこともある。野生そのものが失《うしな》われたり、人間の食べものの味をおぼえて被害《ひがい》をふやすという問題だ。

しかし、地元では、「あの人のおかげで、ヤマネコのことが知られるようになった。あそこまで熱心にできる人はいない」という声を多くきいた。

このエサ場にあらわれたヤマネコは、平成5年から今までに45頭にもなるという。

１００頭ほどしかいないヤマネコ。餓死《がし》状態《じょうたい》で見つかるものや衰弱《すいじゃく》のはげしいヤマネコをなんとかしてなくしたいと始めた活動だ。

これほどまでに、ヤマネコを守ろうとするきっかけをきいてみた。

「わしの子どもんころは、もっと大きなヤマネコがおった。トラぐらいの大きさやった。昭和30年代には、カワウソがいなくなった。カワウソがいたと島外の人にいっても信じてもらえんかった。いたという証拠《しょうこ》も残らんかった。だから、今いるヤマネコは写真だけでも残しておきたいと思った」

その後、大きなヤマネコには出会っていないそうだが、その出会いが山村さんのツシマヤマネコを絶滅《ぜつめつ》させたくないという強い気持ちを育てていったのだろう。

長年ヤマネコを愛し、活動し続けてきたことが認《みと》められて、２００９年、朝日新聞社主催の「明日への環境賞《かんきょうしょう》」を受賞した。

山村さんは、「一つの種を絶滅《ぜつめつ》させないこと。それが自分の一生の仕事。そして、保護《ほご》区をつくるのがこれからの目標」という。

その保護区は、会員や建設会社などの寄付金《きふきん》によって、少しずつ実現に近づいている。資金面《しきんめん》での手助けがまだ必要なので、興味《きょうみ》があれば、「ツシマヤマネコを守る会」のホームページをのぞいてほしい。

●田んぼは、たくさんの命を育てる

佐護《さご》小学校では、２００８年から「田んぼの楽校《がっこう》」といって、環境学習《かんきょうがくしゅう》の授業の中で、田植え体験をしている。

２００９年5月21日、水をはった田んぼのなかで、泥《どろ》んこ体験をする子どもたちの歓声《かんせい》がひびいた。

「だるまさんがころんだ」のかわりに、「ヤマネコさんがにらんだ」といって、ヤマネコとネズミに別れてあそぶ。

「食う、食われる」の関係を、子どもたちは遊びをとおして、ドキドキしながら、知

▲泥《どろ》んこ体験《たいけん》　（田んぼの楽校《がっこう》）

▲田植え体験《たいけん》

提供：対馬野生生物保護セン

ることになった。

その5日後、こんどはまじめな顔つきで、田植えにむちゅうだ。生徒は全校で23名。みんな名前で呼び合う、家族みたいな学校だ。

風邪《かぜ》で見学している子どももいたが、上級生は下級生の手を引いて、先生といっしょに、手で苗《なえ》を植《う》えていく。

「田んぼづくりを通して、身近にある自然を学んでほしい。対馬《つしま》の自然は、人が手を入れてはじめて守れるのです」

そうおしえているのは、「田んぼの楽校《がっこう》」の世話人で、ヤマネコについての授業を担当しているセンターの大谷雄一郎《おおやゆういちろう》さんだ。

大谷さんは牛乳がすきなので、子どもたちから「みるくさん」とよばれる人気者だ。

田んぼでは、水の管理《かんり》がいかにたいせつか、子どもたちに教えている。

水の量を一定に保つことは、雑草を生えにくくし、それが農薬《のうやく》をへらすことにつながる。

この田んぼでは、田植えのあとの草取りや、どんな生きものがいるかも調べる。

その後も稲刈《いねか》り、収穫祭《しゅうかくさい》と秋までかけて、子どもたちが疑問に思ったことを自分たちで、考えたり調べたりする学習へつなげていく。

わたしも、佐護《さご》で無農薬《むのうやく》の試験田《しけんでん》をつくっている前田剛《まえだつよし》さんの田植え（2アール＝200平方メートル）に参加した。

前田さんは、「キャロ」を保護《ほご》したときは、大学院生だった。その後、センター職員を経て、現在は対馬《つしま》市職員だ。「ツシマヤマネコ応援団《おうえんだん》」の会員でもある。

この田んぼは、農家から借《か》りている。

わたしは、田植えをするのは初体験。田んぼの水はあたたかく、はだしの足の裏に、柔《やわ》らかな土の感触《かんしょく》が気持ちいい。

ときどき足もとで、何かがコソコソ動いてい

▲前田さんの田んぼの田植え

る！　おたまじゃくしかな？　生き物といっしょにいるだけでもうれしい！　カエルがわきをスイスイ泳いでいった。

水があたたかいからこそ、生きものがたくさん増《ふ》え、成長できると前田さんはいう。苗《なえ》は、60度の湯にタネをひたして殺菌《さっきん》したものから育てられた。10センチほどに育った苗の束《たば》から、３、４本をとり、田んぼの両はじでピンと張《は》った田植えナワの赤い玉を目印に、足を使って土を盛り上げながら、泥《どろ》にさしていく。

わたしの子どものころは、どこの田んぼにもカエルやドジョウがいっぱいいた。いつのまにか、ドジョウは姿を消し、カエルは各地で数を減らしている。

対馬《つしま》では、カエルは虫を食べてくれるだけでなく、ヤマネコのだいじなエサになる。

（対馬のカエルは3種類。ツシマアカガエルは世界中で対馬だけ。チョウセンヤマアカガエルは日本では対馬だけ。ほかにアマガエル）

田んぼは、お米だけでなく、５４７０種の生きものを育てる力があるという。

田植えが終わるのをまちかねたように、赤とんぼが水面すれすれに飛んできた。卵を産《う》む下見にきたのだろう。

前田さんは、毎日田んぼをまわり、日に日に増えていく生きものたちに目を細める。クモたちはウンカなどをつかまえようと稲の葉と葉に巣をはり、小さなカエルは稲の株にしがみつきながら、虫をねらっている。

イトミミズはやわらかい土をつくり、ミジンコはメダカのエサになる。

田んぼによって、オタマジャクシがいっぱいいたり、ヤゴが多くいたり。それは、生きものたちが自分に住みやすい浅い田んぼや深い田んぼを、えらんでいるらしい。

「ヤマネコが田んぼのまわりをかけまわり、田んぼには生きものがたくさんいて、涼《すず》しくて気持ちのいい風を感じられる。これって、生きものも美しい風景も守れる、すごい仕事だと思います」

と、前田さんはきっぱりと言う。

「これからの農業は〝3K《ケー》〟です。きつい・きたない・かっこわるいではなく、かっこいい・感動があ

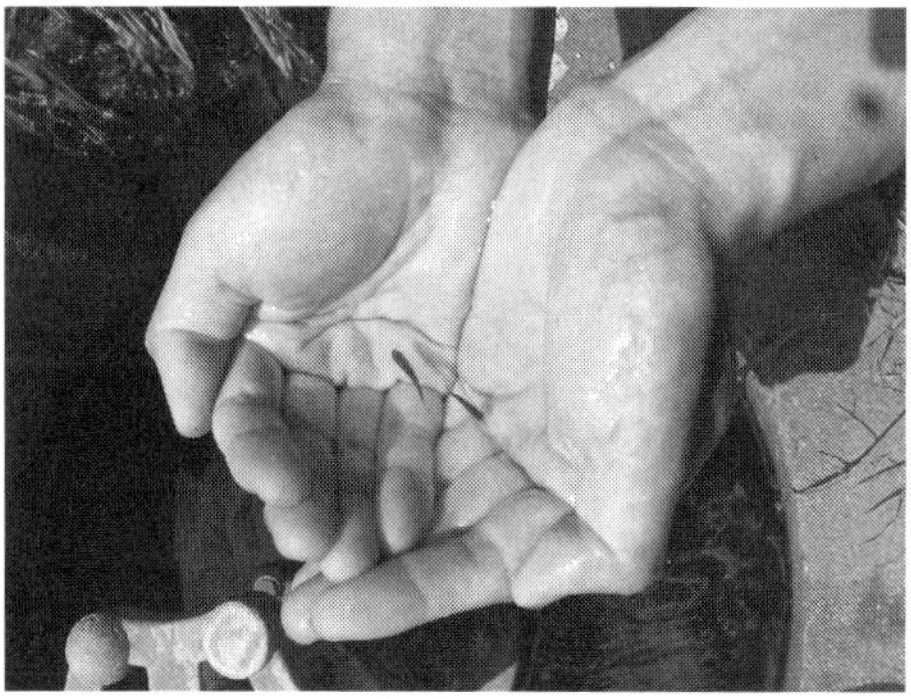

▲田んぼのわきの水路《すいろ》にメダカが！

る・稼《かせ》ぐ、です」

「今まで必要以上に農薬《のうやく》を使っていなかったか？　すべての虫が害虫《がいちゅう》なのか？　害虫といわれてきた虫にもたいせつな役割《やくわり》がある。言葉でいってもなかなか伝えられないので、実際にやった上で、データを出して説明していきたいです」

前田さんは、自然のなりゆきを見つめながら、「害虫を害虫にしない」新しい視点《してん》で、「安全で楽しい農業」をめざしている。

前田さんの田んぼでとれたお米第1号（60キロ）は、すべて予約済みだ。

上県町《かみあがたまち》の神宮正芳《しんぐうまさよし》さんも環境《かんきょう》を考えた有機栽培をめざし、中山《なかやま》の築《ちく》１４０年の自宅で牛を飼い、アスパラなどをつくって、農家民宿を経営している。

「続けられる農業」が、人も生きものも幸せになれる道だという。

田《た》ノ浜《はま》で、ヤマネコのエサ場にするための田んぼ（1反《たん》＝９９１・7平方メートル）をつくり、小学生やその家族を中心に、「田ノ浜対馬《つしま》ヤマネコ田んぼの学校」を開いている。

▲田植え体験（田《た》ノ浜《はま》対馬《つしま》ヤマネコ田んぼの学校）

◀生きもの調査（田《た》ノ浜《はま》対馬《つしま》ヤマネコ田んぼの学校）

提供：対馬野生生物保護センター

ここでも、田植えから草取り、生きもの調査《ちょうさ》、刈《か》り取りまで体験ができる。

神宮《しんぐ》さんは、「この田んぼは、自然と半分こ」と子どもたちに話す。

田んぼのそばには、循環型《じゅんかんがた》の池が3つ。田んぼの水はこの池からひいている。

田んぼの水を抜《ぬ》くと、こまる生きものたちのために、避難《ひなん》できる水路《すいろ》もつくられている。

池には、おたまじゃくしやアメンボ、クサガメばかりでなく、数をへらしているメダカもいて、子どもたちの遊び相手になっている。

そこは渡り鳥のエサ場でもある。

田んぼのまわりの生きものは、みんな自然のいとなみの仲間《なかま》だ。

神宮さんに、ヤマネコについてきくと、やさしい笑顔で、こう答えくれた。

「年老《としお》いたヤマネコは、エサをとれんようになるから、どうしてもニワトリに近づく。

でも、田んぼや畑にネズミやカエル、モグラがおれば、ニワトリはおそわん」

●対馬《つしま》の自然をとりもどそう

佐護川《さごがわ》……この川では、天然《てんねん》アユや川エビ、モクズガニもいて、6月にはホタルも見られる。

だが、ここは大雨のために、たびたび氾濫《はんらん》をくりかえしている。

長崎《ながさき》県では、人にも生きものにもやさしい公共工事《こうきょうこうじ》をめざしている。

農業用水路《すいろ》は、コンクリート製のU字型が使われているが、落ちた小さな生物が出てくることができるように、ところどころスロープがつくられている。

野鳥の生息場《せいそくば》として、林を残し、ヤマネコが身をかくしながら川へ近づけるような「自然型工法」を取りいれた場所もある。

期待《きたい》して行ってみると、そう広い範囲《はんい》とはいえない。水場に近づく階段《かいだん》も、段差が大き過ぎて、人間でも歩きにくい。

▲農業用水路

自然石を使っているが、石のくずれ予防の金アミに足をとられて歩きにくい。

せっかく作るのなら、ヤマネコにくわしい人の意見をもっととりいれてほしかった。

しかし、こうした取り組みを実行するのは、すばらしいことだ。

今後も、さらにくふうしてほしい。


千俵蒔山《せんびょうまきやま》……対馬《つしま》北部、日本最北西端の「韓国《かんこく》が一番近くに見える山」として名《な》高《だか》い千俵蒔山《せんびょうまきやま》（標高《ひょうこう》２８７ｍ）は、昔から山焼き（野焼き）が行われていて、麦やソバの種を千俵ほど蒔《ま》ける雄大《ゆうだい》な山ということから、その名がつけられたという。

それでも放っておけば、木が生い茂《しげ》る。地元の人たちが、昔のような草原をとりもどそうと、２００８年から毎年山焼きを行っている。

燃やすと、初めに元気になるのは、イネ科の植物。地下に根を深くはっているためだ。

すると、ヤマネコのエサとなるネズミなどの小動物がふえる。ここに登ったとき、りっぱなヤマネコのフンを見つけた。

▲千俵蒔山《せんびょうまきやま》

▲山焼き

提供：対馬野生生物保護センター

その中には、ヒミズ（モグラのなかま）の骨と毛にまじって、イネ科の植物の繊維《せんい》がちゃんと出てきた。

山焼きの実行委員《じっこういいん》である佐護区《さごく》区長、平山美登《ひらやまよしのり》さんに、これからの対馬《つしま》がどうなってほしいか、たずねた。

「山焼きはみんなが楽しんでくれるので、いまはそれでいいと思ってます。そのほかには、環境《かんきょう》を考えてつくった米に品質保証《ひんしつほしょう》をして〝ツシマヤマネコ米〟を売り出すつもりです。今年、農家さんと協力して試験的に米作りをはじめました。売り上げの一部は、ツシマヤマネコの保護活動《ほごかつどう》に寄付《きふ》します。将来《しょうらい》は山の斜面《しゃめん》では、牛を放牧《ほうぼく》したい。そのフンは肥料に、干し草やワラは、牛のエサに。循環型《じゅんかんがた》の農業をめざしたい。森ではシイタケをつくり、土がよくなれば、海に海藻《かいそう》もふえるしね」

昔のような対馬をとりもどすことで、農業、林業、漁業《ぎょぎょう》が元気になって、島全体に活気がもどる。そんな対馬なら、観光客《かんこうきゃく》もたくさん来てくれる。

対馬をどうしたら元気にできるか。その話題になると、平山さんは仲間たちといつも夜おそくまで話がつきないという。

こうして、２００９年、「佐護《さご》ヤマネコ稲作《いなさく》研究会」がうまれ、「佐護ツシマヤマネコ米」の第1号が収穫《しゅうかく》された。

「消毒《しょうどく》を1回だけしました。今年は天候《てんこう》不《ふ》良《りょう》で、自分のところでは２００キロしかとれませんでしたが、その分、虫も少なかった」

代表をつとめる大石憲一《おおいしけんいち》さんが手渡してくれたパンフレットには、こう書かれていた。

「まだ1年目なので、田んぼにどういった生きものがいるか、どの程度《ていど》農薬《のうやく》を減《へ》らしてお米づくりができるかなど、わからないこともたくさんあります。でも、わたしたちは、ツシマヤマネコをはじめとする対馬《つしま》の生きものや環境《かんきょう》、文化を守っていくために、これからも試行錯誤《しこうさくご》しながら活動していきたいと思います。このお米が、いつか対馬に多くのヤマネコがすみ、対馬の人々と共生できる島をめざすための一歩になることを願って作りました」

大石さんは、田んぼのそばでヤマネコを見るようになったという。

中干《なかぼ》し（田んぼの水を抜《ぬ》いて土をかわかすこと。中干しをすることで、土の中に酸素《さんそ》を送り、根を丈夫《じょうぶ》にする）の時期を待っていたように、ヤマネコがやってきて、田んぼの中に入ってカエルやネズミを狩《か》っていた。それが初めて確認《かくにん》できたそうだ。

そして、刈り入れをしていたら、稲穂《いなほ》の中からヤマネコが飛び出してきて、びっくりしたと、たのしそうに話してくれた。

●動物の強い味方《みかた》――（NPO《エヌピーオー》法人《ほうじん》どうぶつたちの病院）対馬《つしま》動物医療《いりょう》センター

この動物病院では、交通事故《こうつうじこ》やトラバサミでケガをした野生《やせい》動物の保護《ほご》をしているほかに、まず、「イエネコをしっかり飼ってほしい」と住民によびかけている。

そのことが、感染症《かんせんしょう》からヤマネコを守る近道だと考えているからだ。

むかしは、どこの家庭でもそうだったように、この島でも、ネコは「ペット」というより、ネズミをとってくれる動物と考えていて、家と外の出入りも自由だ。

また、飼いネコではないけれど、エサだけ与えているいわゆる外ネコもいる。

こうしたあまり管理されていないイエネコや外ネコが感染症にかかると、そのネコとけんかをしたヤマネコがうつされてしまうことがある。

今まで、予防注射《よぼうちゅうしゃ》や避妊《ひにん》・去勢《きょせい》（これ以上増《ふ》えないために子どもをできなくする）手術《しゅじゅつ》をしなければいけないという考えも、ほとんどなかった。

それは、島に動物病院がなかったからでもある。

そこで、ヤマネコの保護《ほご》のために、対馬《つしま》には動物病院が必要だと考えた九州と東京の獣医《じゅうい》さんが集まって「どうぶつたちの病院」というNPO《エヌピーオー》法人《ほうじん》をつくった。

その「どうぶつたちの病院」がつくった動物病院が「対馬動物医療《いりょう》センター」だ。

このような施設《しせつ》は、沖縄《おきなわ》のやんばる地域や西表島《いりおもてじま》にもある。

ここでは、つぎのことを無料でやってくれる。（これには、「どうぶつたちの病院」のほか、九州地区獣医師《じゅういし》会連合会ヤマネコ保護協議会《きょうぎかい》や、長崎《ながさき》県、環境省《かんきょうしょう》がお金を出し合っている）

◦イエネコの感染症《かんせんしょう》の検査とワクチン接種《せっしゅ》
◦避妊《ひにん》・去勢《きょせい》手術
◦マイクロチップ（左肩《かた》の皮下《ひか》にマイクロチップ＝12ミリ×2ミリ）をうめこむ。

〈ネコの首にリーダー（読み取り機）を当てると、チップに記録されてある数字（あら

かじめ登録した15ケタ）を読み取り、飼《か》い主《ぬし》の住所氏名、動物の名前、年齢《ねんれい》がわかるしくみ〉

わたしがこの病院を訪《たず》ねたときは、5匹《ひき》のネコがケージに入っていた。人なつっこくて、ケージの中からさかんに声をかけてくるネコ。ちょっとはずかしがりだけど、ほんとうは、なでてほしいネコ。今まで人間の愛情《あいじょう》も知らず、でも、もう少しで心を開きそうなネコ。どのネコも新しい飼い主を募集中《ぼしゅうちゅう》だ。

「このネコたちは、みな不幸にもネコ免疫不全《めんえきふぜん》ウイルス（通称《つうしょう》ネコエイズ）に感染《かんせん》しています。でも、発症《はっしょう》していない（病気の症状《しょうじょう》が出ていない）ので元気に暮《く》らしています。ネコエイズはおそろしい病気ですが、発症せずに生涯《しょうがい》をまっとうすることもめずらしくありません。

たとえ、感染していても、愛情深く家族としてたいせつにされれば、幸せな一生を過ごすことができます。そして、この病気は人間には絶対《ぜったい》にうつりません」

と、獣医《じゅうい》の越田雄史《こしだゆうし》さんはいう。それでも、病気のことをきちんと理解《りかい》して、一生

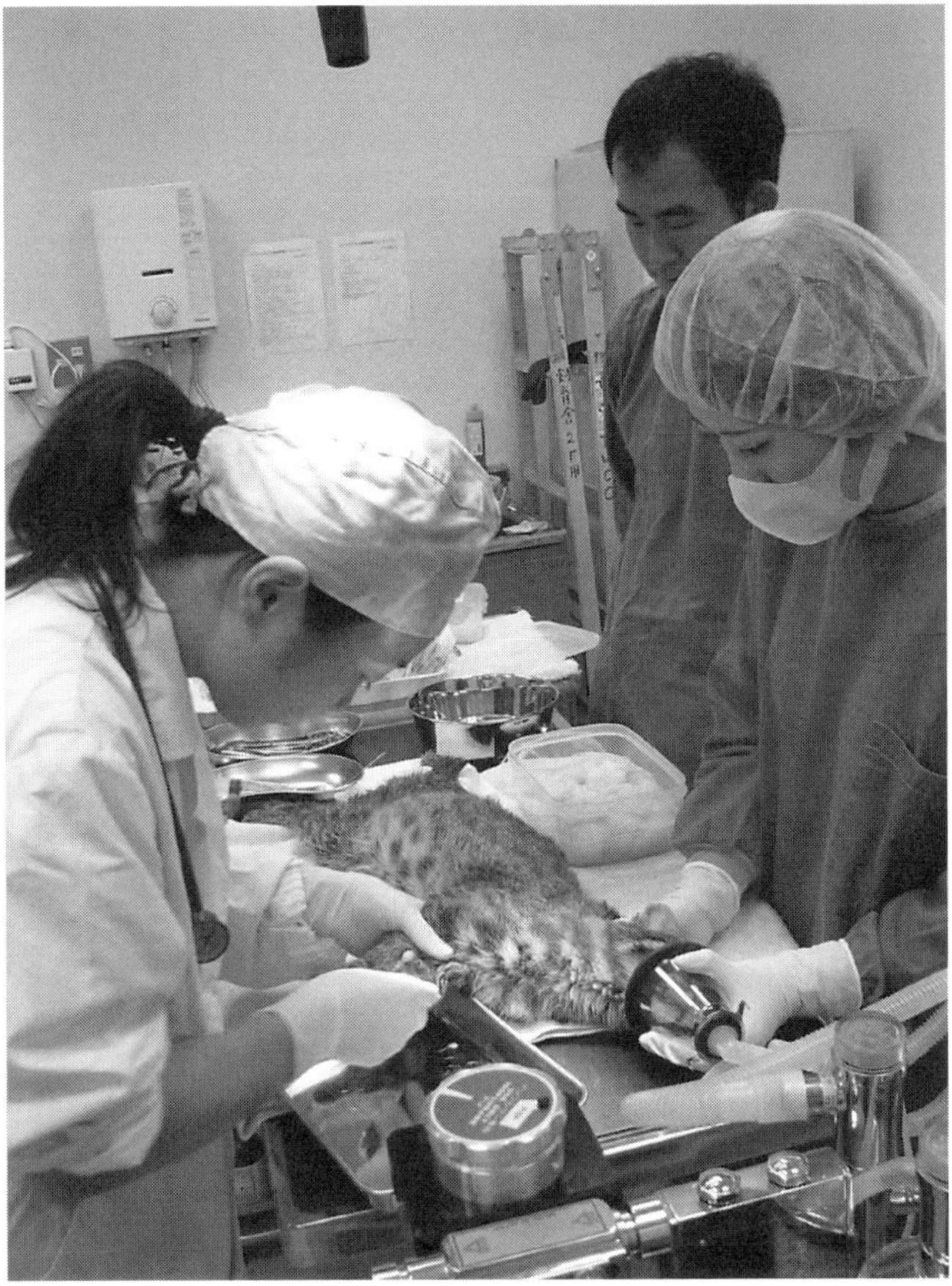

▲ＮＰＯ《エヌピーオー》法人《ほうじん》どうぶつたちの病院「対馬《つしま》動物《どうぶつ》医療《いりょう》センター」

提供：対馬野生生物保護センター

いっしょに暮《く》らそうという飼い主がなかなかあらわれない。こうした現実と向かい合いながら、越田《こしだ》さんはこのネコたちに、毎日のエサやりと声かけをかかさない。予防注射《よぼうちゅうしゃ》も最近、開発されたが、まだ普及《ふきゅう》されていない。

わたしも飼《か》いたい気持ちでいっぱいだが、すでに飼いネコがいて飼えない。うちのネコも施設《しせつ》からもらってきた元すてネコだ。

ネコ好きのみなさん！　こうしたネコたちも幸せにしてあげて。お願いします！

●島びととヤマネコの強い味方《みかた》――対馬野生生物保護《つしまやせいせいぶつほご》センター

すでに、本文でたびたび登場している「センター」こと対馬野生生物保護センター（1997年7月に環境省《かんきょうしょう》、長崎《ながさき》県、上県《かみあがた》町によって整備）は、上島北西部の棹崎《さおざき》にある。

環境省の事務所として、野生生物の保護や管理を積極的に行っているが、固いイメージはなく、地元の人たちから「ヤマネコセンター」とよばれ、親しまれている。

ツシマヤマネコについて知りたかったら、まずここへ立ち寄ってほしい。

2010年4月に新装オープンして、今まで以上にくわしい展示になった。

ヤマネコがどんなところにすんでいるのか、特設《とくせつ》パネルで実感できる。ヤマネコについて、どのぐらい知っているか、クイズに挑戦《ちょうせん》するのもおもしろい。ほかにも、なき声（仔《こ》ネコの声やおこっているときの声など）がきける。最新の保護《ほご》活動を紹介《しょうかい》し、何度来ても楽しめて、発見がある施設《しせつ》をめざしている。

そして、ほんものの生きたツシマヤマネコ「福《ふく》馬《ま》」くんに、ぜひ会ってほしい。

福馬《ふくま》くんのようすは、インターネットでも見ることができる。「対馬市上県町《かみあがたまち》ヤマネコライブカメラ」を検索。その画面を開き、右上の「やまねこ」をクリック。30秒ごとに、画像がリフレッシュされるので福馬くんのアップがうつるかもしれない。

もちろん、ヤマネコのほかにも、対馬にすむ野生動植物の展示もある。

▲対馬野生生物保護《つしまやせいせいぶつほご》センター　提供：対馬野生生物保護センター

職員《しょくいん》10名のうち4名が島の出身者で、この本で多くの写真を提供《ていきょう》してくれた川口《かわぐち》誠《まこと》さんもそのひとり。

おじいさんの住む上県町志多留《かみあがたまちしたる》は、むかしからヤマネコの調査《ちょうさ》をする研究者や写真家が来ていたが、川口さんは見たことがなかっただけに、ずっと「神秘的《しんぴてき》な動物」として、すごく興味をもっていたという。

センターが開設《かいせつ》したときからのベテラン飼育担当者《しいくたんとう》だが、今でも野生のヤマネコを見ると、「ぞわっ」と興奮するそうだ。

ヤマネコばかりでなく、対馬《つしま》の生きものを撮る写真家としても活躍《かつやく》している。

センターの役割《やくわり》は、まだほかにもある。

ツシマヤマネコをテーマにした自然教室やシンポジウムなどのイベント、地元の学校ではヤマネコについての授業を担当している。

また、ヤマネコに関する季刊誌《きかんし》「とらやまの森」を発行、ヤマネコのカラー写真と地元の活動などをわかりやすく伝えている。

ヤマネコ交通《こうつう》事故《じこ》対策《たいさく》

もちろん、〔交通事故対策《こうつうじこたいさく》〕にも力を入れている。

「ヤマネコの交通事故ゼロ記録看板」を長《なが》崎《さき》県、対馬《つしま》市とともに「対馬空港《くうこう》」とガソリンスタンドに、また、「ツシマヤマネコ応援団《おうえんだん》」との協力で「対馬市交流センター」や地元スーパー「バリュータケスエ」に設置し、ドライバーに安全運転を呼びかけている。

目標《もくひょう》無事故は１０００日。２００９年12月７日に６７５日に達したが、翌日《よくじつ》８日、さらに２０１０年になって、１月、３月とたてつづけに事故死《し》したヤマネコが発見されて、そのたびに振《ふ》り出しにもどっている。

事故《じこ》が集中しておきている道路わきには、「ヤマネコ事故多発《たはつ》」や「ツシマヤマネコ飛び出し注意」の文字とヤマネコをデザインした看板《かんばん》を立てている。

看板の上には、点滅灯《てんめつとう》を取り付けて、ドライバーの注意をひく工夫《くふう》や、事故発生《じこはっせい》や目撃情報《もくげきじょうほう》におうじて、移動式の看板も作られた。

「ツシマヤマネコ応援団《おうえんだん》」といっしょに看板のよごれをふいたり、樹木《じゅもく》の枝がのびて見えにくくなっているところの枝を切るなど、手入れもおこたらない。

▲無事故目標は1000日！

また、あるヤマネコの交通事故死《こうつうじこし》をきっかけに、道路の下を通る「カルバート」といわれる排水路《はいすいろ》の清掃《せいそう》をおこなっている。

その死亡《しぼう》したヤマネコのおなかの中には、2頭の赤ん坊《ぼう》が入っていた。

事故現場を調べると、カルバートの出入り口でヤマネコの足跡《あしあと》やフンが見つかった。

それで、ここを利用していたことが初めてわかったのだ。

もし、この出入り口が土砂《どしゃ》でふさがれていなかったら、車道にわざわざ出てきて、交通事故《こうつうじこ》にあわなかったかもしれない。そんな思いから、この活動がはじまった。

夏の暑い1日、参加したのは12名。そのうち5名はセンターの実習生《じっしゅうせい》で、あとは全国から集まった学生ボランティアだ。将来《しょうらい》は獣医《じゅうい》や、動物関係の仕事につくために勉強中だ。

人間が、ふだん立ち入ることのない急斜面《きゅうしゃめん》をおりていったところに、大小合わせて6ヵ所の「カルバート」がある。

小さめのカルバート（水の流れこむ入口＝呑《の》み口）は、3人ずつのグループに分かれて、また大きなカルバート（水が流れ出る＝吐《は》き口）はみんなで力を合わせて3時間半の作業を行った。

大きなカルバートでは、道路工事をするように1列に並《なら》んで、クワとスコップで積もった土砂《どしゃ》をとりのぞく。

その土砂の1部は土嚢《どのう》（土を入れる袋）に入れて、ふたたび水がたまって、ヤマネコが利用できなくならないように、排水路《はいすいろ》のわきに積んで、足場《あしば》をつくる。

周囲《しゅうい》の土砂《どしゃ》がとりのぞかれると、たまった水が気持よく流れていった。掃除《そうじ》から26日後、カルバートを利用しているヤマネコの姿を自動撮影《じどうさつえい》カメラがとらえていた。

また、別のカルバート1か所には「ネコ走り」を設置《せっち》。カルバートの呑《の》み口にU字《じ》溝《こう》をさかさにおいて固定し、ふだん水がたまって利用できなかったヤマネコに、この上を利用してもらうというもの。そばに自動撮影《じどうさつえい》カメラをおいて、約1年間、その効《こう》果《か》を調べるという。

新しくできた道路には、「ヤマネコ注意」の文字が書かれ、あらためて、ここは対《つ》馬《しま》なんだと思う。

動物たちが道路をわたらないで、移動できる「オーバーパス」も1ヵ所設けてある。「オーバーパス」とは、トンネル内が車道、上がなだらかな斜面《しゃめん》になっていて、ここを動物たちに利用してもらえば、道路を横切らないですむようにつくられている。

ところが、実際《じっさい》に監視《かんし》カメラをつけて様子を見ると、トンネル内をなゝめ横断《おうだん》するイタチの姿が映っていたり、道路わきのガードレールにイタチのフンが落ちていたり。

▲カルバートを利用するヤマネコ　提供：対馬野生生物保護センター

▲オーバーパス

動物は自分の楽なほうを選ぶという。もっと人間側のくふうが必要なのかもしれない。

センターの獣医《じゅうい》、山本英恵《やまもとはなえ》さんは、仕事の帰り道、ヒヤッとした経験を話してくれた。

ここは、ヤマネコをよく見かける場所なのだそうだ。

「その日は、すごい嵐《あらし》でした。夜の七時ごろ、道路の右側から急に若いヤマネコが出てきて、わたしの車に追われるようにななめに横切り、左手の草むらの中へ消えていきました。もし、晴れていたら、上り坂じゃなかったら、カーブでなかったら、もっとスピードを出していて、ひいてしまったかもしれない！

11月は、若いヤマネコたちが独《ひと》り立ちをはじめます。この時期は、とくに事故《じこ》にあいやすくなります。スピードをおさえて、動物たちにやさしい運転を心がけてください。また、万一ひいてしまっても、すぐに、センターや警察《けいさつ》など公的機関《こうてききかん》に連絡してください。それで、救われる命があるかもしれません」

また、センターでは、ヤマネコがかかってしまう〔トラバサミ対策《たいさく》〕として、家庭を一軒《けん》一軒まわって説明し、回収《かいしゅう》に協力してもらった。

その結果、現在までに27個のトラバサミが集まった。

今後もトラバサミの危険性《きけんせい》を知ってもらい、ひきつづき回収を行っている。

トラバサミは、ドブネズミなど保護《ほご》されていない動物をとるためには使っていいが、ヤマネコやテンをとるために使うのは法律《ほうりつ》で禁止されている。

しかし、むかしからニワトリを守るために使われてきた道具なので、すぐにやめる気にならないのだろう。

夜中、ニワトリのさわぐ声でかけつけると、ヤマネコにおそわれたニワトリの死体《したい》がいくつもころがっていて、その場で立てなくなってしまったと語る人もいる。

ニワトリをねらうのは、ヤマネコばかりでない。イタチやテンもおそう。

イタチは少食だからニワトリの首をかんで殺し、ちょっと肉をかじってから、血を吸《す》って逃《に》げていく。テンはその場で食べず、少しずつ運んでかくれて食べる。

ヤマネコは小屋《こや》の中に入り込《こ》み、羽毛《うもう》を散《ち》らかしながら食べる。それを目にすれば、大きなショックを受けるだろう。

また、トラバサミを置いておくだけで、カラスよけにもなるという。トラバサミの置いてある野菜畑や柿《かき》、桃《もも》などが植えてある場所に近づかないそうだ。

こうした話は、一軒《けん》一軒話をきいて回ったからわかったことだ。

もちろん、トラバサミを回収《かいしゅう》するだけでなく、被害《ひがい》をどうやって防《ふせ》ぐかを考えなければ、根本的《こんぽんてき》な解決にはならない。

ニワトリ小屋に、どんな動物がどうやって侵入《しんにゅう》したか、そのルートを調べ、どのように改善《かいぜん》したらいいか、相談にのったり、手伝いをしていくうちに、理解《りかい》が深まっていくのだろう。

センターには、トラバサミで傷《きず》をおったり、交通事故《こうつうじこ》でケガをしたヤマネコが運ばれてくる。

山本獣医《じゅうい》さんと「どうぶつたちの病院」の越田《こしだ》獣医さんもかけつけて、治療《ちりょう》にあたる。

ヤマネコの保護《ほご》と野生《やせい》にもどすことに力を注いでいるので、ここでの繁殖《はんしょく》は今のところ行っていない。

計測《けいそく》、感染症《かんせんしょう》の検査、ケガの治療《ちりょう》とリハビリなどを行い、自然に返す。

自然へもどせなかったヤマネコは、繁殖《はんしょく》のためにも、全国の動物園（128ページ参照）の協力のもとで、飼育《しいく》されている。

（センターのヤマネコのうち、2010年3月に、2頭が佐世保市亜熱帯動植物園《させぼしあねったい》へ移送され、5月現在、10頭が飼育・保護《ほご》されている。その中の2頭は、野生復帰《やせいふっき》の可能性《かのうせい》もあり、下島《しもじま》で発見された個体《こたい》も含まれている）

●海の対策《たいさく》……藻場《もば》の増殖《ぞうしょく》

海とヤマネコって、関係あるの？　そう思われるかもしれないが、ヤマネコのすむ森と海は、深いつながりをもっている。

ドングリの森がヤマネコのエサになるネズミやモグラを育てることはわかったと思う。

その広葉樹《こうようじゅ》の森では、落ち葉が栄養分《えいよう》と鉄分《てつぶん》をたっぷりふくんだ土になる。やがて、そこに降った雨水が地下水となり、川へ流れ、海にそそぐ。

それが、海藻《かいそう》や植物プランクトンの栄養《えいよう》になり、魚を育てる。

豊かな森は、ヤマネコだけでなく、魚も育てているのだ。

対馬《つしま》は四方を海でかこまれ、ここでとれるブリ、アジ、サバ、イカなどは全国的に知られている。

その海で、異変《いへん》が起きている。

対馬全体の自然のバランスがくるえば、ヤマネコばかりでなく、人間の暮《く》らしに影響《えいきょう》が出る。

対馬の海のむかしと今を知る小島一《こじまはじめ》さんは、こうおしえてくれた。

「以前は、船が進むのにもじゃまなほど、海藻がびっしり生えていました。それが、対馬の海の半分以上の場所で、〝磯《いそ》やけ〟という現象《げんしょう》がおきています」

「磯やけ」とは、魚のエサや産卵《さんらん》場所になる藻がかれて、まるでやけてしまったような状態をいう。ひどくなると海藻がまったく姿を消してしまうのだ。この現象は、対馬だけでなく全国的に見られるようになった。

長年、素《す》もぐりでアワビ漁《りょう》をしてきた濱本満《はまもとみつる》さんは、アワビがとれなくなり、今は「ヨコワ」というマグロの幼魚《ようぎょ》をとって、それを養殖《ようしょく》して生活している。

「子どもの頃は、アワビがたくさんとれて、いいこづかいかせぎになった」そうだ。

アワビは、海藻《かいそう》を食べないと生きていけない。イカも海藻に卵をうみつける。

磯《いそ》やけの原因《げんいん》のひとつとしてよく言われるのは、陸地（山や田畑）から流れ出る土壌《どじょう》の質の低下だ。特に鉄分《てつぶん》が不足している。

しかし、それだけではなかった。鈴木裕明《すずきひろあき》さんの話は、わたしにはショックだった。

「温暖化《おんだんか》によって、冬の海水の温度が1～2度上がると、今まで冬場は活動しなかった藻食《そうしょく》性《せい》の魚（藻《も》を好んで食べるブダイ、アイゴ、イスズミ）が、藻を食べつくしてしまうためです」

▲藻場《もば》（対馬《つしま》西側水中写真）　提供：住友大阪セメント株式会社

藻《も》が再生《さいせい》するよりも早く、魚が食べてしまうのだ。

「陸の場合は、桜が一本枯《か》れてもわかります。でも、海の変化はなかなか見えないので、深刻《しんこく》です」

鈴木さんは、舟志《しゅうし》の森に土地を貸しているセメント会社の社員だ。鈴木さんの仕事は、そのセメントなどを使って、人工的に藻場《ば》を再生《さいせい》するというもの。

磯《いそ》やけがすすむと、自然の回復《かいふく》はむずかしい。そのため、藻の苗《なえ》を植えたブロックを、魚に食べつくされないようにネットで囲って、海にしずめる。

そこから藻の種《たね》（胞子《ほうし》）が周囲に散ることで、藻がふえていくようになるのだ。

対馬《つしま》の海には、こうしたブロックが１５３基《き》しずめられている。

濱本《はまもと》さんに水中カメラで、海中の様子を見せてもらうと、東海岸の鴨居瀬地区《かもいせちく》では、まだホンダワラやカジメなどの海藻《かいそう》がある。

それでも、５年前に比べると半分ほどに減《へ》っているそうだ。

西海岸の今里地区《いまざとちく》の海は透明度《とうめいど》が高い。中をのぞくと、海底《かいてい》にはモヤモヤしたコケ（ケイ藻類《そうるい》）しかはえていない。これ以上には大きくならず、サザエのエサにはなって

藻場《もば》を育てるしくみ

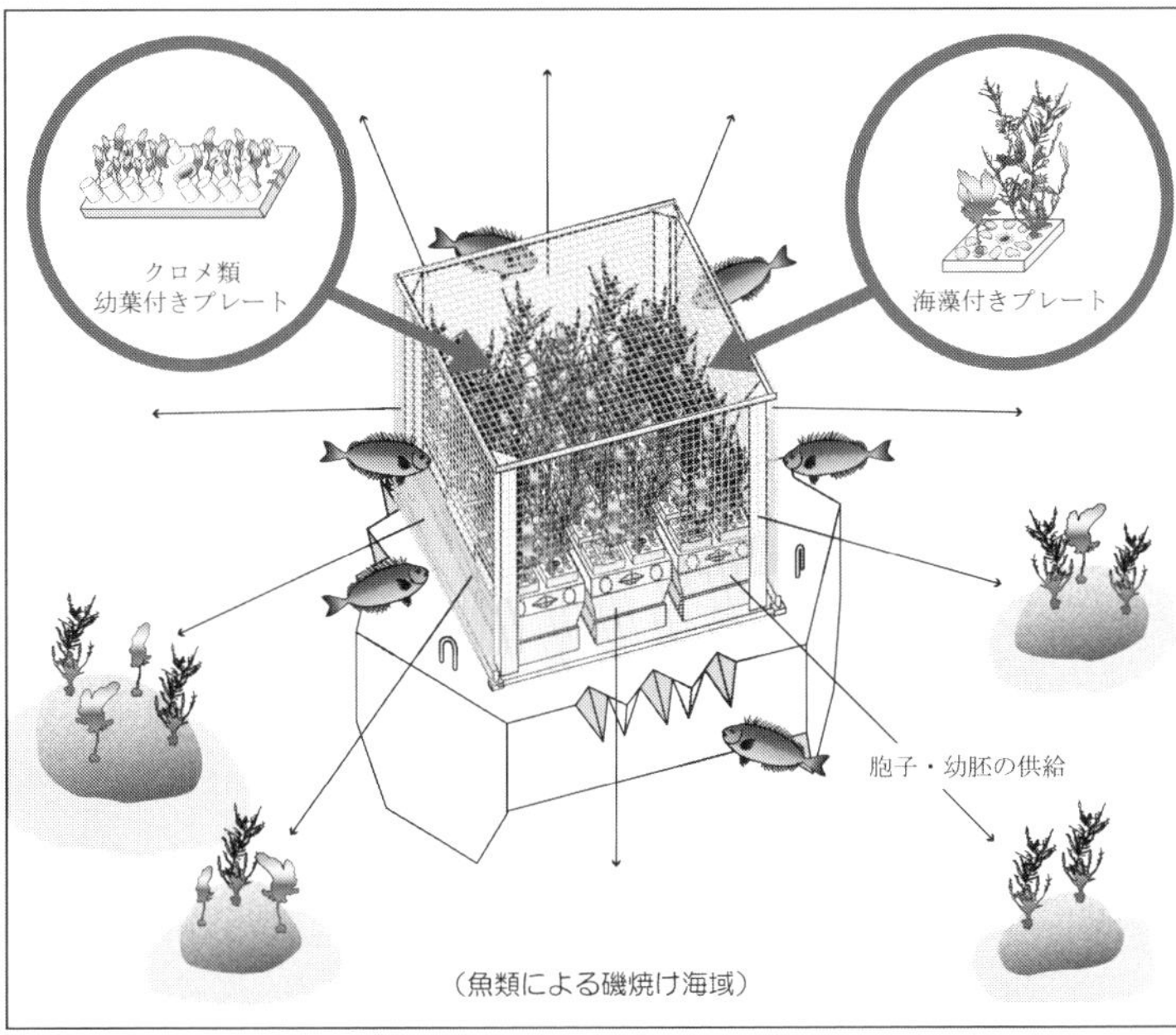

▲ノトイスズミ（藻食性《そうしょくせい》の魚）
藻《も》を食べる魚

▲カジメ（海藻《かいそう》）
以前は海にびっしりと生えていた。

提供：住友大阪セメント株式会社

も、アワビの親貝《おやがい》のエサにはならない。イカは卵も産《う》みつけられないし、小魚の隠《かく》れ場所にもならない。

ネットの中だけに藻《も》が生えているので、小さな魚が入りこんで休んでいる。いかに藻《も》がたいせつかをおしえてくれる。

ネットからはみ出た藻の先は、魚がかじったあとがくっきり残っていた。あとで調べると、イスズミだとわかった。

この程度《ていど》なら藻もだいじょうぶ。この今里《いまざと》地区の海底には、こうしたブロックが6基沈められているが、海底全体に藻が広がっていくためには、さらに数を増《ふ》やしていく計画だ。

「森と海はつながっている」と、鈴木さんは、毎年「舟志《しゅうし》の森」のイベントに参加している。

また、対馬《つしま》の海岸線では、ゴミの漂着《ひょうちゃく》が問題になっている。なかには、危険《きけん》な薬品の入ったものも流れつく。

住民ばかりでなく、ヤマネコをはじめ野生《やせい》生物にとっても、めいわくな存在《そんざい》だ。死《し》んだヤマネコの子どもの胃《い》からビニール袋《ぶくろ》が出てきたこともある。

そんな状況《じょうきょう》を見かねた島民《とうみん》が「自分たちの島は自分たちの力で」と、ボランティアグループ「対馬《つしま》の底力《そこぢから》」を立ち上げて、海岸線の清掃《せいそう》を行っていて、センター職員も手伝っている。

対馬市では、これまでも、こうしたボランティア団体を応援《おうえん》してきたが、新しく「ツシマヤマネコ基金《ききん》」を設置《せっち》した。

自然《しぜん》環境《かんきょう》の保護《ほご》や保全を目的とした事業の助成金《じょせいきん》にあてる。

募金箱《ぼきんばこ》のほか、島内には、写真のような自動販売機《じどうはんばいき》が10台置かれている。

▲売り上げの一部がヤマネコ保護《ほご》の基金《ききん》になる

提供：対馬野生生物保護センター

ジュース一缶《かん》の売り上げにつき、その2%が自動的に基金《ききん》にまわされるしくみになっている。

●なぜ、被害《ひがい》も出すヤマネコを守るの?

このように、対馬《つしま》では、たくさんの人たちが「ツシマヤマネコ」をシンボルに、豊かな自然をとりもどそうと、自分たちができることからはじめている。

でも、なぜ、ニワトリ小屋《ごや》に近づいてくる野生《やせい》動物をきらうのではなく、ともに生きることを選んだのだろう?

地元の人にきいてみた。

「以前には、ごくふつうにいたのに、姿《すがた》が見えなくなってしまったのがさみしい」

こうこたえる人は、けっこう多い。

ヤマネコは、イエネコほどの大きさで、人に向かってくることもないので、サル、イノシシ、クマほどの恐怖《きょうふ》は感じないだろう。

今では数も減り、絶滅《ぜつめつ》が心配されるからたいせつに思うのは、当然《とうぜん》のことかもしれない。

ツシマヤマネコについて、対馬《つしま》住民にアンケート調査《ちょうさ》を行った本田裕子《ほんだゆうこ》さんによると（無作為《むさくい》に20歳～79歳までの男女1000名に配布《はいふ》、488名の回答があった）、95％以上が、「ツシマヤマネコは絶滅《ぜつめつ》が心配され」、「その保護《ほご》活動が行われている」ことを知っていた。

そして、「あなたにとって、ツシマヤマネコとはなんですか？」という質問には、半数以上の人が「対馬だけに生息する動物」と答えた。また、「対馬の誇《ほこ》り、象徴《しょうちょう》はなにか」を自由に書いてもらうと、「ツシマヤマネコ」と書いた人がもっとも多かった。

このことからも、多くの回答者が、ツシマヤマネコに「対馬」そのものをイメージし、地域の象徴と考えていることがアンケートから見えてきた。

「飼育《しいく》下のツシマヤマネコを野生に返す」ことについては、「もともといた野生の生きもの」だから、「賛成《さんせい》する」という意見は多い。

復帰《ふっき》に「賛成、反対どちらともいえない」、「反対」と答えた人の中にも、「復帰がうまくいくかどうかわからない」「成功しないと思うから」と、ツシマヤマネコが生きていくことができるか心配する立場の人が半数近くいた。

また、具体的《ぐたいてき》な心配についても、「車であやまってはねてしまわないか」という気づかいが多くみられた。

その一方で、「ニワトリなどの家畜《かちく》の被害《ひがい》」、「犬や猫《ねこ》を飼いにくくなるのではないか」、「農薬《のうやく》を使いにくくなるのではないか」という少数意見もみられる。

ここではアンケートのすべてを紹介《しょうかい》できないが、わたしがきいたところでも、

「正直いって、野生《やせい》動物を守るといっても、そうかんたんなことではない」

という意見もある。

「では、野生動物とともに生きることに意味があると思いますか?」

と、きいてみた。

「野生動物が人間に悪さをすれば、それがどんなに貴重《きちょう》な動物であっても憎《にく》いだけだ。守るといっても、自分たちの生活が成り立たなければ、ボランティアだって、長続きしない。そもそも、島の中にも、ヤマネコに無関心の人はたくさんいる」

「守れといわれても、見たこともないものを守る気にはならない」との声もある。

アンケートでも、見たことのある人は487人のうち82人（16・9％）だった。

また、こういう意見も多くきいた。

「生活できないとこまるけど、子どもや孫《まご》のためならなんでもやれる。ヤマネコがこの島で生きられるということは、自然が豊かだということだ。だから、ヤマネコを守ることは、安心安全な食べものを育て、環境《かんきょう》を守ることにつながる。それは、子どもや孫《まご》たちのためにもなることだ」

そうか！　子どもはいちばんの宝物なのだ。

そして、ヤマネコを守ることは、森、田畑、川、海をもう一度元気にしようとする人たちの輪《わ》をつくることにもつながっていた。

アンケートの最後で、「ツシマヤマネコの生息数《せいそくすう》がふえるために、何かしたいか」をたずねると、「何かしようと思う」と答えた人は466人中（63・9％）298人。

具体的《ぐたいてき》には「低スピードで夜間の運転は特に注意する」「ヤマネコをだいじに思うようにする」の意見が多くみられた。

●わたしたちができることは？

では、対馬《つしま》にすんでいない人に、なにができるだろうか？

対馬でとれたお米を買うこともそのひとつだろう。

わたしも大石さんのお米を買って、味わった。お米の味にはけっこうこだわる方だが、甘味《あまみ》があって、とてもおいしかった。

お百姓《ひゃくしょう》さんが田んぼをつくり続けることが、田んぼの生きものを守ることにつながる。

この一粒《つぶ》、一粒には、そんな思いもこめられている。そう思うと、よけいおいしかった。

「ヤマネコのいる島ということで、都会から人がたくさん来てくれたら、今まで、ヤマネコに無関心だった島の人も、〝そんなにヤマネコって人をひきつけるのか？〟と、あらためて、そのたいせつさを知ると思います。そうすれば、ヤマネコといっしょに島も元気になれるはずです」

こういったのは、市の職員《しょくいん》さんだ。

それなら、ツシマヤマネコのことをみんなにおしえてあげよう。

舟志《しゅうし》地区では、地元《じもと》の人たちが案内《あんない》する「やまねこエコツアー」を計画中だ。ヤマネコの痕跡調査《こんせきちょうさ》や、ヤマネコのための植樹《しょくじゅ》や田んぼの生きもの調査、稲刈《いねか》りなどに参加するほか、野鳥観察《やちょうかんさつ》も楽しめる。

森から海まで、自然をゆっくり満喫《まんきつ》するのもいいし、郷土《きょうど》料理づくりや竹細工《たけざいく》なども体験できる。半日コースから季節《きせつ》ごとの定期プログラムコースまで、参加者の希望にあったツアーを考えているそうだ。

それが、ヤマネコを守ることにつながる。

対馬の自然と人、そしておいしい食べものが、旅行者をやさしく迎《むか》えてくれる。たくさんのいいことが待っていて、わたしたちも、元気をもらえるだろう。

第5章　都会からの応援団《おうえんだん》

対馬《つしま》は行くたびに、また行きたくなるところ。でも、わたしの住んでいる東京からは遠いし、時間もお金もかかる。

ツシマヤマネコにすぐに会いたいという人には、動物園がおすすめだ。

現在、飼育《しいく》に取り組んでいる動物園《どうぶつえん》は、日本全国で5ヵ所。対馬野生生物保護《つしまやせいせいぶつほご》センターのほかに、福岡《ふくおか》市動物園、富山《とやま》市ファミリーパーク、よこはま動物園ズーラシア、東京の井《い》の頭《かしら》自然文化園、そして2010年3月から、長崎《ながさき》県の佐世保《させぼ》市亜熱帯《あねったい》動植物園でもツシマヤマネコの繁殖《はんしょく》に向けて飼育することになった（2011年春の一般公開《いっぱんこうかい》にむけて、展示施設《てんじしせつ》を建設《けんせつ》中）。

●動物園の役割《やくわり》

動物園の役割は、

①できるだけ多くの人に「ツシマヤマネコ」という動物の存在《そんざい》を知らせ、関心《かんしん》をもってもらうこと。

②今、どんな問題をかかえているのか一般《いっぱん》の人にも知ってもらい、ともに考えてもらうこと。

③対馬《つしま》でヤマネコが安心して暮《く》らせるまで、飼育下《しいくか》で確実《かくじつ》に保護《ほご》しておくこと。

④ヤマネコについての調査研究《ちょうさけんきゅう》をすすめ、保護《ほご》に役立てる。

⑤動物園で繁殖《はんしょく》させ、数をふやし、いずれは自然へ復帰《ふっき》させる。

動物園では、その準備段階《じゅんびだんかい》として、100頭まで増《ふ》やしていき、今後、飼育する動物園もさらに増《ふ》やす計画だ（2010年5月現在で、一時的に保護しているヤマネコなどを含《ふく》めて36頭のヤマネコが全国で飼育されている）。

ただ、動物園生まれのヤマネコをすぐに野生《やせい》へもどすことは、むずかしい。対馬《つしま》の自然のなかで野生として生きていくためには、自分の力で生きたエサをとり、身を守

ツシマヤマネコに会える動物園

富山市ファミリーパーク
（みどり）

井《い》の頭《かしら》自然文化園（トラジロウ）
東京都武蔵野市御殿山 1-17-6
電話：0422-46-1100

よこはま動物園ズーラシア
神奈川県横浜市旭区上白根町 1175-1
電話：045-959-1000

対馬野生生物保護《つしまやせいせいぶつほご》センター（福馬《ふくま》）
長崎県対馬市上県町棹崎公園
電話：0920-84-5577

富山《とやま》市ファミリーパーク（モモ）
富山県富山市古沢 254
電話：076-434-1234

福岡《ふくおか》市動物園（No.20）
福岡県福岡市中央区南公園 1-1
電話：092-531-1968

佐世保《させぼ》市亜熱帯《あねったい》動植物園
（公開準備中 2010/7 現在**）**
長崎県佐世保市船越町 2172
電話：0956-28-0011

提供：対馬野生生物保護センター

る方法や、環境《かんきょう》に耐《た》えられる強さなど、いくつもの課題《かだい》があり、もう少し時間がかかりそうだ。

●井《い》の頭《かしら》自然文化園のとりくみ……ヤマネコからの手紙

わたしの家から一番近い動物園は、東京都武蔵野《むさしの》市にある井《い》の頭《かしら》自然文化園だ。

ここでは、公開中のツシマヤマネコ1頭を含む4頭を飼育《しいく》している。

この園では、アムールヤマネコの飼育と繁殖《はんしょく》の実績《じっせき》をみとめられて、ツシマヤマネコの引き取り先にふさわしいと選ばれた。

さっそく、たずねた。

公開されているのは、福岡《ふくおか》市動物園生まれの「トラジロウ」。名前は、一般募集《いっぱんぼしゅう》で決められた。

ほかに非公開《ひこうかい》が3頭（繁殖をさせることと、人に慣《な》れさせないために公開はされていない）。メスのサクラとリリー。映画「男はつらいよ」の主人公、寅次郎《とらじろう》からはじまって、妹サクラと初恋《はつこい》の女性リリーさんから名づけられたのかな？

◀トラジロウ（井《い》の頭《かしら》自然文化園）

ヤマネコミニ講座《こうざ》▶
（井の頭自然文化園）

▲本物そっくりのヤマネコが抱《だ》ける！（井の頭自然文化園）

そしてオスのエビゾウ。このエビゾウだけが対馬《つしま》の海岸で弱っているところを保護《ほご》された野生のヤマネコだ。

仕事で来ていた大工《だいく》さんに、エビフライをもらって食べていたことから、この名前がついたそうだ。

ここでの食事は1日1回。メニューはニワトリの頭3個ぐらいと生のとり肉か、馬肉《ばにく》。マウス。合計300グラム。

自然のなかでは、いつもエサがとれるわけではないので、この園では、週に2日はまったくエサをあげない日をつくっている。

ここでは、ツシマヤマネコのことを伝えるために、「ヤマネコガイド」や「ヤマネコ講演会《こうえんかい》」「ヤマネコ祭り」など、いろいろな活動を一年を通じて積極的《せっきょくてき》に行っている。

取材に応じてくれたのは、天野未知《あまのみち》さん。

2008年2月22日の「ネコの日」にちなんで、6月22日まで、「ヤマネコからの手紙」という特設展示《とくせつてんじ》を行った。

そこでは、ツシマヤマネコの存在《そんざい》を多くの人に伝えるとともに、ツシマヤマネコがおかれている現状を知ってもらった。

ヤマネコからの手紙というと、宮澤賢治《みやざわけんじ》の童話《どうわ》「ドングリとやまねこ」を思い出す。一郎少年のところへ、ある日ヤマネコからハガキがとどく。ドングリたちが「おれが一番えらい」とさわぎだしたため、その裁判をするので、一郎に来てほしいというのだ。

ちょっと話がそれるが、宮澤賢治はヤマネコを見たことがあるのだろうか？

イリオモテヤマネコがひろく知られる前に、賢治は亡《な》くなったので、存在は知らなかっただろう。

では、ツシマヤマネコは？　賢治が対馬《つしま》に行った記録はない。

岩手県生まれの賢治は、東京上野《うえの》にはよく来ていた。上野動物園や博物館《はくぶつかん》にも何度も通っていたそうだ。

そのころの上野動物園の記録によると、外国からきた「オウゴンヤマネコ」とよばれた大型のヤマネコ、ゴールデンキャットだけがいた。

賢治《けんじ》は、それを見たのではないだろうか。

また、博物館《はくぶつかん》ではツシマヤマネコの仲間のベンガルヤマネコの剥製《はくせい》（当時の記録には「石トラ」と書かれている）が展示されていた。これも見たかもしれない。

日本には、古くから特別な力をもつヤマネコが山にすんでいるという伝説もある。

それらを合わせて独特《どくとく》の「ヤマネコ」像《ぞう》をつくっていったのではないだろうか。

さて、話をもとにもどそう。

これがツシマヤマネコからの手紙だ。

東京のこどもたちへ
はじめまして。ボクはツシマヤマネコっていうんだ。
みんなはヤマネコって知ってる？

みんなの知ってるネコとは、ぜんぜんちがうんだ。

「対馬」っていう島で、森や林、田んぼや畑で、ネズミやモグラ、カエルなんかを食べて、くらしている。

ところで、ちかごろ、ボクたちのなかまがずいぶんとへっているんだって。

そういえば、ちかごろはエサのネズミやカエルをさがすのがたいへんだ。

森や田んぼにも、生き物があまりいなくなったよ。

それにぼくたちのとおりみちを、車がブンブンとはしっていて、とってもあぶないんだ。

なんだか、むかしのほうが良かったって、みんな、いっている。

このままだと、ボクたちのなかまが、ちきゅうからいなくなるかもしれないんだって。こまったなあ。

あなたなら、どんな返事を書くだろう？

イベント会場では、ツシマヤマネコについて学んだうえで、自分たちにどんなことができるか？　それをヤマネコにあてた返事のなかで、書いてもらった。

25名の応募者《おうぼしゃ》の中から、３名の小学生が選ばれた。

その３名は２００８年11月１～３日の３日間、「対馬体験《つしまたいけん》ツアー」へ招待《しょうたい》された。

●対馬へ行った小学生の記録《きろく》

１日目は、和多都美《わたづみ》神社や烏帽子岳展望台《えぼしだけてんぼうだい》を観光したあと、対馬野生生物保護《つしまやせいせいぶつほご》センターへ。センター裏《うら》で、動物のフンハンター（フンさがし）をした。

割《わ》りばしでつまんだフンのにおいをかいだり、みんな興味津々《きょうみしんしん》。

そのときの様子を語ってくれたのは、体験ツアーにつきそった井《い》の頭《かしら》自然文化園の高松美香子《たかまつみかこ》さんだ。

集めたツシマテンやツシマヤマネコのフンをセンターに持ち帰って、シャーレに入れて水でほぐし、最後に顕微鏡《けんびきょう》でどんなものを食べていたのか調べた。

そのことについて、参加者のひとり内田夏鈴《うちだかりん》ちゃん（当時小学4年生）は、感想文《かんそうぶん》の

▲福馬《ふくま》との対面（対馬《つしま》ツアー）

▲フンハンター（対馬ツアー）

▼フン調べ（対馬ツアー）

提供：井の頭自然文化園

中で「一番おもしろかったのは、フンハンターです」と書いている。
☆森の奥《おく》にフンが落ちているのかと思ったら、意外に整備《せいび》された道に落ちていた。
☆フンには、くさくないものとくさいものがあり、テンのフンはあまい実を食べていたので、くさくなかった。
☆ヤマネコのフンからはカエルと虫を食べていることがわかり、体の調子《ちょうし》をよくするために草も食べていたことがわかった。
冷凍《れいとう》されたフンも顕微鏡《けんびきょう》で見た。

すると、中からカエルの卵が出てきた。

これは、ヤマネコがカエルを食べたら、おなかの中に卵が入っていたためだった。

「今までは、道にフンが落ちていてもあまり何も感じなかったけれど、これからはちがった見方ができると感じました」

夏鈴《かりん》ちゃん、いい体験ができましたね。

センターのお兄さんが作った積《つ》み木も子どもたちは大喜《よろこ》び。立方体《りっぽうたい》の側面にヤマネコやカエル、ドングリの写真がはってある。

◀ドングリの植樹《しょくじゅ》
(対馬《つしま》ツアー)

郷土《きょうど》資料館《しりょうかん》訪問《ほうもん》▶
(対馬ツアー)

▲生態系《せいたいけい》ピラミッドの積《つ》み木

提供：井の頭自然文化園

ヤマネコを頂点《ちょうてん》としてヤマネコのエサになるネズミやモグラ、それが食べるムシや木の実、それが育つ自然環境《しぜんかんきょう》。

どこか一つがぬけても、積《つ》み木はくずれてしまう。

「ふしぎなやまねこボックス」に手を入れて、なかみを当てるクイズも用意された。

「チクチクする。なんだろう?」

目に見えないと、その正体はなかなかわからないものだ。

見てびっくり!! 実は、ツシマヤマネコの毛皮だった。

いよいよ、生きたヤマネコとご対面。

センターに飼育されている「福馬《ふくま》くん」。ちょうどいい位置に出てきてくれて、みんなで写真を撮《と》った。

参加した岡田春一《おかだしゅんいち》くん(当時小学5年生)の将来の夢は、動物園の飼育係《しいくがかり》になること。

福馬くんの印象《いんしょう》をこう書いてくれた。

「フクマくんをみて、ライオンのような目でこわかったです。フクマくんはむねをはっていばっているようなかんじでした。センターの人にツシマヤマネコにも性格《せいかく》（個《こ》性《せい》）があるとおしえてもらいました。（中略《ちゅうりゃく》）ヤマネコがおっとりした性格では、えさがあまりとれないから、生きていけない。運動神経《うんどうしんけい》がいいやつは、えさがつかまえやすいから、そういうネコがたくさんいると思いました」

動物も人間と同じように、それぞれ個性があるんだね。自然の中で生きるのは、とてもきびしい。だから、力の強いもの、かしこいもの、そして運のいいものでないと、生き残れないのかもしれないね。

春一くんは、「対馬《つしま》に生きている動物の中で、一番つよいはずのヤマネコでも、人間には弱い。だから、絶滅《ぜつめつ》してしまうんだね」と感想を結んでいた。

そう！　そのことに気づけば、きっと守れるはずだ。

夕食後、ヤマネコナイトウォッチングと韓国展望所《かんこくてんぼうしょ》に行った。

韓国のビルのネオンや車のライトが、ほんとに近くに見える。

ヤマネコは見られなかったけれど、ツシマジカが見られた。

2日目は、龍良山原始林《たてらやまげんしりん》を見にいった。

▲龍良山原始林《たてらやまげんしりん》　提供：井の頭自然文化園

そのときの夏鈴《かりん》ちゃんの感想《かんそう》は……。

「こんな大きな木があるとは知りませんでした。木の根元がぐるぐるまきになっているのもあって、今にも歩き出しそうなくらい迫力があった」。

倒《たお》れた木の近くには、「草のようなヒョロヒョロのくきがはえていて、それはいずれ一つだけが勝ち残り一本の木になるそうです」。

目をまんまるくしている夏鈴ちゃんの表情が目に浮《う》かぶ。そのほかに、カミナリにうたれて、中が空洞になった大銀杏《おおいちょう》を見て、それでも生きているたくましさに感動！

舟志《しゅうし》の森では、大きなクモの巣を見てびっくり！

わたしも、ここで大きなクモを見た。

以前は大きなクモを見ると、ドキッとしたけど、最近では姿を見なくなってしまったから、なつかしかった。

あたりまえにあったまわりの風景がなくなって、人は初めてそのたいせつさに気づくのかもしれない。

対馬には、そのたいせつなものが、まだたくさん残っていて、ほっとさせられる。

太くて大きいミミズも発見。

地元の子でもあまりさわらないのに、生きもの好きの子どもたちは平気でさわっている。

カブトムシの幼虫《ようちゅう》が、倒木《とうぼく》の幹《みき》にたくさん見つかったときには、歓声《かんせい》が上がった。

鮮《あざ》やかなオレンジ色のナメクジやショウリョウバッタも、めずらしい！

◀カブトムシの幼虫《ようちゅう》

事故にあった
チョウセンイタチ▶

提供：井の頭自然文化園

途中の道路では、車にひかれてまもないチョウセンイタチの死体《したい》に出会った。美しい毛皮のまだ若い個体《こたい》だ。頭をぶつけたらしく体に傷《きず》はなく、くやしそうに歯をむき出していた。

それは、子どもたちにとって、忘れられない光景となった。

嶋田苑桜《しまだそのお》ちゃん（当時小学4年生）は、「一番、残念なことは交通事故《こうつうじこ》にあったイタチがいたことです」と書いている。

夏鈴《かりん》ちゃんも「本当は生きている姿《すがた》をみたかったと心から思いました。人間と野生《やせい》の動物がすみよく、いごこちよくくらしていける方法はないのでしょうか。これからわたしたちが、考えていかなければならないことだと思います。いつか、その日がくると信じています」と書いていた。

春一くんも「まわりにすこし血があって、それを見て、悲しくなった」「もう、交通事故にあわないでほしい」と書いている。

対馬《つしま》での体験は、みんながおとなになって、仕事を選ぶとき、きっとなにかの力になると思う。

帰る3日目には、対馬《つしま》市市長と面会して、ヤマネコへの手紙を市長に手渡した。

夏鈴《かりん》ちゃんのこのツアーに参加することになった「ヤマネコへの手紙」を紹介したい。

ツシマヤマネコの実情《じつじょう》を知った夏鈴ちゃんは、「一度（木を）切ったものはもどらないけれど、また作り出していったりして、ゆたかな森、きれいな海を作りたいです。でも、これはかんたんなことではありません。それでもわたしにできることはありませんか？」

▲ヤマネコへの手紙

と、問いかけている。

そして、国語の時間に登山家《とざんか》の野口健《のぐちけん》さんの話を読んだときのことを思い出したという。

富士山のゴミをなくそうと訴《うった》えたのに、初めはだれも見向きもしてくれなかった。それでも、まけずに訴え続けているうちに、いつしかウソのように山からゴミがなくなったという話だ。はじめはたったひとりでも、自分が信じて声をあげること、続けることがたいせつだと、夏鈴《かりん》ちゃんは思った。

「夏鈴」という名前は、風鈴《ふうりん》のように小さな風の力でも、「チリン」となることで、道行く人が、さわやかでやさしい気持ちになるようにと、ご両親がつけてくれたそうだ。

夏鈴ちゃんの言葉は、わたしの胸にもチリンと大きくひびいた。

苑桜《そのお》ちゃんは、「森林がたくさんあるのに、まだヤマネコの生きられる森がたりないこと」「道路をふつうに動物が走ったり、横断《おうだん》したりしていること」におどろいていた。

人間が使うために材木として植えられた森林が、手入れがされなくなって、ヤマネコもすみにくい森になってしまった。

それでも、野生動物の姿《すがた》を見ることができる対馬《つしま》は、すばらしい。

これからも、動物にも気を配った道路がつくられて、森から海まで、人と野生動物がいい関係で生きていける島になったら、生態系《せいたいけい》のバランスのとれたすばらしいモデル地区になるだろう。

春一《しゅんいち》くんもセンターで仕事をしているおにいさんやおねえさんの姿を見て、将来《しょうらい》の「動物園の飼育係《しいくかかり》」になる夢をますますふくらませたようだ。これからもいい経験《けいけん》をして、夢を実現《じつげん》させてね。

井《い》の頭《かしら》自然文化園の天野さんは、最後にこう教えてくれた。

「ツシマヤマネコを守ることによって、ほかの動物たちも守ることになる。ヤマネコはアンブレラ種（生態系《せいたいけい》の頂点《ちょうてん》としての種）で、人と自然の共生《きょうせい》を考える上でのシンボル的存在《そんざい》です」

そう。新たな発見とは、まさに、このことだった。

クマがアンブレラ種（ベアアンブレラ）であるように、対馬《つしま》ではクマにかわって、ツシマヤマネコが〝キャットアンブレラ〟だったのだから。

撮影：川口　誠

おわりに……幸せをまねくネコ

わたしは、子どものころ、田んぼや池をのぞくのが大好きでした。そこには、たくさんの生きものの世界が広がっていたからです。

春の田んぼには、おたまじゃくしがシッポをちょろちょろ動かし、ザリガニは体をかたむけて、昼寝をしていました。

田んぼのわきの水路《すいろ》では、メダカやドジョウ、ウナギの稚魚《ちぎょ》もいました。

今でも、田んぼをみると、ついのぞいてしまいます。

けれども、メダカはもちろん、おたまじゃくしもあまりみかけなくなりました。

それが、対馬《つしま》で田んぼをのぞくと、おたまじゃくしがいっぱい。舗装《ほそう》されていない道の水たまりにも、おたまじゃくしがいて、思わず歓声《かんせい》をあげました。

絶滅《ぜつめつ》が心配されるメダカも、池や田んぼわきの水路《すいろ》に、当たり前のようにいるのです。

田んぼの生きもの調査《ちょうさ》をする地元の子どもたちの顔も輝《かがや》いていました。

きっと、おとなになってからも、この経験を忘れないでしょう。

ヤマネコのいのちは、山の自然ばかりか、田んぼの生きものもささえています。

新潟県《にいがたけん》佐渡《さど》のトキのように、里山の生きものは、むかしから人間とつかず離《はな》れずの関係で、ともに生きてきたのですね。

「ツシマヤマネコ」は、対馬《つしま》だけでなく、日本の、いえ地球のかけがえのない宝です。

そのことをできるだけ多くの人に知ってほしいと思います。

この原稿を書いているとき、下島《しもじま》で子どものヤマネコが発見され、数十年ぶりに保《ほ》護《ご》されたといううれしいニュースがきけました。

長い間、生息《せいそく》が確認《かくにん》されていなかった下島に仔《こ》ネコがいたということは、両親がいるということですから、きっと、ひっそりとたくましく命をつないでいたのですね。

しかし、その一方で上島《かみじま》では、この本を書いているあいだに、交通事故《こうつうじこ》で死んだヤマネコは４頭もいます。４頭目は、２０１０年６月９日の夜発見されました。病気もなく、栄養状態《えいようじょうたい》もいい１歳のメスでした。また、エサがじゅうぶんにとれずに衰弱《すいじゃく》したり、イエネコ（ノラネコか?不明）の攻撃《こうげき》を受けてケガをして保護されたヤマネコの子どももいて、ヤマネコが自然の中でくらすことのむずかしさを感じました。

　２０１０年の春、福岡《ふくおか》市動物園では、本で紹介したトモオとココロの間に２つの新しい命が誕生《たんじょう》しました。その喜びもつかの間、育つことはありませんでした。富山《とやま》市ファミリーパークでも3頭の赤ちゃんができたのですが、それも育つまでには、いたりませんでした。

動物園だからといって、簡単にヤマネコが増《ふ》えるわけではないのです。関係者の方たちの日ごろのご苦労やご苦心がしのばれます。

また、ツシマヤマネコを通じて、野生動物とどうつきあっていくか？　を考えさせられました。

それにはまず、人の暮《く》らしをどうしたらいいかを考えなくてはなりません。

対馬《つしま》は自然が豊かでも、お金持ちとはいえません。過疎化《かそか》と高齢化《こうれいか》が進み、田んぼはだいじでも、体力的にも農業《のうぎょう》をあきらめるほかないというお年寄りもいます。

ほかの県での話ですが、都会から若者がやってきて、いっしょに畑を耕《たがや》したり、ソバうちをしたりして、そこで暮らすようになりました。

高齢者は若者から元気をもらい、若者は都会では働く歯車《はぐるま》のひとつとしてしか見てもらえなかったのに、ひとりの人間としてたいせつに思ってくれる人に出会える。そんなステキな関係が育っているそうです。

もちろん、みんながうまくいっているわけではありません。農業は収入《しゅうにゅう》も少なく、重労働《じゅうろうどう》です。こんなはずではなかったと去っていく若者もいます。

今、世界中のおとなが元気をなくしています。温暖化《おんだんか》による環境《かんきょう》の悪化に加えて、経済《けいざい》が急激《きゅうげき》に悪化《あっか》していることは、みなさんも新聞やニュースで知っているでしょう。

でも、こんなときこそ、忘れかけていた「たいせつなもの」を生かすチャンスなのかもしれません。

日本は、安い輸入《ゆにゅう》にたよって、林業《りんぎょう》や農業《のうぎょう》をあきらめてしまい、そのために見捨てられた森や田畑がたくさんあります。

働きたくても働けない人。そして荒《あ》れてしまった土地。見渡《みわた》せば、活《い》かせるものがたくさんあります。

「これからの農業はかっこいい・感動がある・稼《かせ》ぐ」という前田さんの言葉が心に残りました。

田んぼのなかで育つことのできる生き物は５４７０種（ＮＰＯ《エヌピーオー》法人《ほうじん》農業と自然の研究所調査《ちょうさ》）だそうですし、微生物《びせいぶつ》を使った害虫対策《がいちゅうたいさく》の研究を始めている企業《きぎょう》もあり、農《のう》薬《やく》のかわりになる農業の強い味方に、期待《きたい》がもてそうです。

農家が田んぼをつくることで、人ばかりでなく、カエルもメダカも、トンボもネズミも、そしてヤマネコも生きていける。

田んぼには生きものがあふれ、大地が元気をとりもどす。

前田さんが対馬《つしま》を初めて訪れたとき、偶然、交通事故《こうつうじこ》死したヤマネコに出会いました。そのヤマネコが「キャロ」のお母さんでした。

その瞬間《しゅんかん》、「郷土《きょうど》の生きものを守るためになんとか役に立ちたい」と思ったそうです。

もし、このことがなかったら、今、対馬《つしま》にいなかったかもしれないといいます。

また、多くの人から、「子どもや孫《まご》へ、豊かな自然を手渡《てわた》したい。そのために、できることからはじめる」という声をききました。

地域のため、子孫《しそん》のためになにができるか？　それを考えていくうちに、ほんとうの価値《かち》がうまれるのだと思います。

それでも、ボランティアだけに頼《たよ》るのでは、長続きしないかもしれません。

地域の特産物《とくさんぶつ》を売り出したり、特性《とくせい》を生かした仕事につなげることなどを考え、実行する。そんな動きが少しずつ始まっています。

これからは、新しい発想《はっそう》や若い力がもっと求められるでしょう。

また、個人ではできないことも、みんなで考えて、くふうすれば、大きな力になります。

そして、やりぬこうとする強い信念《しんねん》が、大きな変化を生むのではないでしょうか。

それは、対馬《つしま》にかぎらず、どこでもいえること。それに気づかせてくれたヤマネコは、幸運をまねくネコなのかもしれません。

最後になりましたが、たくさんの方々におせわになりました。

取材にあたって、対馬《つしま》野生《やせい》生物《せいぶつ》保護《ほご》センター職員、大谷《おおや》雄一郎《ゆういちろう》さんには、特にたくさん助けていただきました。また、川口《かわぐち》誠《まこと》さんには、すばらしい写真を提供《ていきょう》していただきました。

対馬とツシマヤマネコのいる自然をたいせつに思うみなさん、動物園関係者の方々、研究者の方々、そして岩崎書店の津久井恵さんと佐々木幹子さんのお力をいただいて、この本をつくることができました。

心から感謝《かんしゃ》を申し上げます。

▲子どもの頃《ころ》のキャロ

わたしが歩いた対馬

《対馬野生生物保護センター》上県町棹崎
《千俵蒔山》上県町棹崎
《神宮さん》上県町田ノ浜地区・佐護南里
《山村さん》給餌場（上県町）畑：上県町
《前田さんの畑》上県町
《佐護小学校》上県町佐護北里
《平山美登さん》上県町
《ウルメの保護現場》峰町三根
《キャロの保護現場》上県町樫滝
《ココロの保護現場》上県町飼所
《ヒトエの保護現場》上対馬町一重
《トモオの保護現場》上県町友谷
《ガトの住んでいる場所》上県の最高峰・御岳
《野田一男さん》上県町
《比田勝小学校》上対馬町比田勝
《カルバート》上対馬町三宇田
《舟志の森》上対馬町舟志
《痕跡ウォッチングとカメラの設置場所》上県町井口・志多留・田ノ浜
《ＮＰＯ法人どうぶつたちの病院・対馬動物医療センター》上県町佐須奈
《取材で宿泊した宿》野田さん宅（上県町）・みなとや旅館（上県町佐須奈）
あそうベイパーク：美津島町大山　対州馬を見る
《藻場の見学：大船越・万関橋を上に見て黒島付近（三浦湾・美津島町鴨居瀬地区）
西海今里（美津島町今里地区）
対馬栽培漁業センター：美津島町久須保　鈴木裕明さん、小島 一さん、濱本 満さんにインタビュー
小島さんの案内で、ウニやアワビの稚貝、アコヤガイの栽培見学

参考文献

●「改訂版　ツシマヤマネコ――対馬の森で、野生との共存をめざして」
ツシマヤマネコBOOK編集委員会　監修：対馬野生生物保護センター　長崎新聞社　2008年刊

●「対馬が対馬であるために――ツシマヤマネコと共生する地域社会づくり」【わがまち元気　打越綾子調査レポート】

●「とらやまの森　通信」　対馬野生生物保護センター発行季刊誌

●「ツシマヤマネコの百科」　山村辰美　監修：今泉忠明　データハウス　1996年刊

●「絶滅危惧種ツシマヤマネコ」　写真・文：久田雅夫　解説：戸川幸夫ほか　風人社　1992年刊

●「ツシマヤマネコの保護に関する住民意識―対馬市全域住民を対象にしたアンケート調査から」
東京大学農学部演習林報告122号：41-64　本田裕子・林宇一・玖須博一・前田　剛・佐々木真二郎（2010）

●「対馬市WEB通信局」【長崎県対馬市公式ウェブサイト】

●「上野動物園百年史――資料編　動物の初来園の記録」　出版・編：東京都　1982年刊

●「琉球列島および周辺島嶼の陸生脊椎動物相―特徴とその成り立ち―」　太田英利・高橋亮雄
【美ら島の自然史－サンゴ礁島嶼系の生物多様性】　琉球大学21世紀COEプログラム編集委員会編　東海大学出版会　2006年刊

写真提供 および 取材協力

対馬野生生物保護センター　大谷雄一郎・川口 誠・水﨑進介・茂木周作・山本英恵・阿比留左智江
神宮有梨奈・杉山 遥・原口塁華・田代三徳
西表野生生物保護センター　刈部博文・岡村麻生
NPO法人 どうぶつたちの病院　越田雄史
ツシマヤマネコを守る会　山村辰美
対馬ヤマネコ田んぼの学校　神宮正芳
ツシマヤマネコ応援団　野田一男・前田 剛（対馬市職員）・玖須博一（対馬市職員）
ボランティア舟志　古藤 定・古藤朋子・古藤清文・古藤精一
対馬市上県町佐護区区長　平山美登
佐護ヤマネコ稲作研究会　大石憲一
住友大阪セメント株式会社　鈴木裕明・園部幸治
対馬栽培漁業振興公社　小島 一
漁業者　濱本 満
インペリアル・カレッジ・ロンドン個体群生物学センター博士課程　村山 晶
中央学院大学法学部非常勤講師　本田裕子（アンケート調査当時・東京大学農学生命科学研究科農学特定研究員）
琉球大学博士研究員　中西 希
成城大学法学部准教授　打越綾子
動物園……井の頭自然文化園　よこはま動物園ズーラシア　富山市ファミリーパーク
福岡市動物園　佐世保市亜熱帯動植物園

《著者紹介》

太田京子（おおた　きょうこ）

1948年東京生まれ。日本女子大学文学部卒。日本児童文学者協会会員。児童文学実作通信講座講師。WWF ジャパン会員。野生生物保護学会会員。著書に『ママ、だいだい大すき！』など大すきシリーズ全五巻。『バンザイ！なかやまくん』（第47回夏休み課題図書）『もりのポノポノとピーノ』（いずれも草炎社）。ノンフィクションに『人はクマと友だちになれるか？』（岩崎書店）『がんばれ！ベアドッグ』（草炎社）ほか。

カバー写真　川口　誠

デザイン・装丁　白水あかね

ノンフィクション・生きるチカラ　2

ツシマヤマネコって、知ってる？　絶滅から救え!!　わたしたちにできること

2010年7月31日　第1刷発行　　2023年12月15日　第5刷発行

著　者　太田京子
発行者　小松崎敬子
発行所　岩崎書店　〒112-0005　東京都文京区水道1-9-2
電話　03-3812-9131（営業）　03-3813-5526（編集）
振　替　00170-5-96822

印刷所　株式会社　亨有堂印刷所
製本所　株式会社　若林製本工場

NDC916　ISBN978-4-265-04288-3

Published by IWASAKI Publishing Co.,Ltd.　Printed in Japan

■ご意見ご感想をお寄せ下さい。E-mail　**info@iwasakishoten.co.jp**
■岩崎書店ホームページ　**https://www.iwasakishoten.co.jp**

落丁本、乱丁本はおとりかえいたします。

イワサキ・ノンフィクション

- ❶ニュースの現場で考える　池上　彰・著
- ❷ばあちゃんの笑顔をわすれない 介護を仕事にえらんだ青年　今西乃子・著／浜田一男・写真
- ❸さびしくないよ 翔太とイフボット　牧野節子・著
- ❹米が育てたオオクワガタ　山口　進・文・写真
- ❺グローバル化とわたしたち 国境を越えるモノ・カネ・ヒト　村井吉敬・著
- ❻スーパーパティシエ物語 ケーキ職人・辻口博啓の生き方　輔老　心・著
- ❼染五郎と読む歌舞伎になった義経物語　市川染五郎・監修／小野幸恵・著
- ❽命のバトンタッチ 障がいを負った犬・未来　今西乃子・著
- ❾夢をあきらめない 全盲のランナー・高橋勇市物語　池田まき子・著
- ❿林家正蔵と読む落語の人びと、落語のくらし　林家正蔵・監修／小野幸恵・著
- ⓫わたしは海獣のお医者さん　勝俣悦子・著
- ⓬いのちを伝えて ― ある助産師の記録 ―　山口　理・著
- ⓭命の教室 動物管理センターからのメッセージ　池田まき子・著
- ⓮言葉はライブだ！　内多勝康・著
- ⓯ぼくは恐竜造形家 ― 夢を仕事に　荒木一成・著
- ⓰しあわせのバトンタッチ 障がいを負った犬・未来、学校へ行く　今西乃子・著／浜田一男・写真

ノンフィクション・生きるチカラ

- ❶木の声が聞こえますか 日本初の女性樹木医・塚本こなみ物語　池田まき子・著
- ❷ツシマヤマネコって、知ってる？ 絶滅から救え!! わたしたちにできること　太田京子・著
- ❸ぼくは昆虫カメラマン 小さな命を見つめて　新開　孝・写真／文
- ❹いつもトンボとにらめっこ 田んぼに赤いなぞを追う　谷本雄治・著
- ❺まぼろしの大陸へ 白瀬中尉南極探検物語　池田まき子・著